农药科普

NONGYAO
KEPU
ZHUANJIA TAN

专家谈

山东省农药检定所　组编

中国农业出版社
农村读物出版社
北　京

FOREWORD 前言

　　我国是农作物病、虫、草、鼠害等生物灾害频发的国家，常年发生面积约 4 亿公顷，严重威胁着农业生产和粮食、蔬菜、果品等农产品的有效供给。农药是用于防治农林业病、虫、草、鼠害以及调节农作物生长不可或缺的重要生产资料和救灾物资，农药的应用对保障粮食和农业生产安全至关重要。粗略估计，因使用农药，我国每年可挽回粮食损失 480 亿千克以上、蔬菜 4 800 万吨、水果 600 万吨。但农药作为特殊的农业生产资料，使用不当又会造成农作物药害、人畜中毒、环境污染和农产品质量安全事故等危害。近年来，真假难辨的"顶花黄瓜""爆炸西瓜"和"无核葡萄"传言，更是让人们"谈农药色变"。我们该怎么认识农药？怎么选择农药？

　　2016 年 8 月，时任山东省委副书记龚正到山东省农药检定所视察，作出"要正确引导舆论宣传，实事求是、科学理性地认识农药，消除人们的疑惑，合理使用农药，鼓励低毒、生物农药应用"的指示。山东省农药检定所组织专家编写了农药科普宣传系列论文，由论文撰写人主讲，山东农业 12316 项目组录制视频。论文和视频通过网络与微信平台分期播出，系统地宣传农药科普知识，提升公众对农药的认知水平。

　　此书在前期基础上又收录了部分专家学者的文章，使其更具科学性、权威性和普及性。相信《农药科普专家谈》一书能够在消除公众对农药的误解、引导农药科学使用、加强农药监督管理及服务农业生产等方面发挥良好的作用。

编　者

2019 年 10 月

C O N T E N T S 目录

下篇　农药应用技术

农药科普专家谈 | 上篇

农药管理知识

瞄准绿色　引领绿色创新
——听宋宝安院士谈我国农药的现在与未来

农民日报社记者　王腾飞　颜旭

一提到农药，很多人首先想到的关联词是"有毒"，并视其为影响农产品质量安全的罪魁祸首，唯恐避之不及，希望能不用最好。事实上农药真有那么可怕吗？现在我国使用的农药都是什么样的？未来我国农药发展会有哪些热点趋势？

对此，我们采访了中国工程院院士、贵州大学校长宋宝安。作为从事农药研发和植物保护三十余载并取得丰硕科研成果的专家，他对农药的利弊分析、创新思考及未来发展方向的诸多见解，客观、科学，给人启迪，并颇有借鉴意义。

一、公众对农药有太多误解

近年来，因为一些农产品质量安全事件，农药经常被"妖魔化"。对此，宋宝安院士表示，农药并没有人们想象中的那么可怕，人们对"农药有毒"的印象也不一定是对的。

"其实，农药的毒性远低于我们身边经常可能接触到的化学物质的毒性。"宋宝安告诉记者，我们对农药有太多的误解。其实许多癌症是食品中的天然毒素导致的，如玉米、小麦、豆类和花生中的黄曲霉毒素会导致肝肿瘤、肝硬化；蘑菇中的肼类毒素会导致肝癌、肺癌和胃癌，而农药并非是引起癌症的主要因素。

"没有农药，粮食安全无从谈起。"宋宝安表示，已知危害农作物的病、虫、草、鼠害有 2 300 多种，这些农作物病虫草害严重危害农业生产，每年造成严重的产量损失。19 世纪的爱尔兰大饥荒曾使得爱尔兰人口锐减近 1/4，而造成饥荒的主要因素是马铃薯晚疫病导致的减产绝收。"如果没有农药作为武器，人类会在与害虫争抢粮食的战役中大败。如果不使用农药，将会使粮食供应更趋紧张。"他说。

除了农作物病虫害，卫生害虫也严重影响人的身体健康，如蜚蠊（蟑螂）、疟蚊等，它们携带多种致病微生物，会引起食物中毒，传播肝炎、结核、疟疾和登革热等多种疾病。"我们必须清楚，假如没有农药会引起'天下大乱'。能保障人类健康的，不仅仅是医药，从源头或者传播媒介上消除'病源'，才是保证人们免于病患的重要手段之一，而农药则一直扮演着这样重要的角色。"宋宝安指出。

近年来，随着高毒高风险农药相继被禁限用，目前我国农业生产上使用的高毒农药比例仅为2％。宋宝安介绍说，不仅产品结构更趋合理，我国还相继创制出一批高效、安全、环境友好型农药新品种、新制剂，在农业病虫草害防控中发挥积极作用。同时，农业农村部从2015年起，在全国全面推进实施农药使用量零增长行动，大力推进农药减量控害和绿色防控，已取得显著成效。2017年，新修订的《农药管理条例》的颁布实施，更加关注农药使用对环境、生态以及使用者暴露等的风险，对农药的生产、管理和应用等各方面的监管更加严苛，农产品质量安全也更有保障。

二、科学应用就能趋利避害

农药既是为人们守护作物生长和粮食安全的重要帮手，亦是影响农产品质量安全的主要风险因子，如何才能趋利避害，将风险降到最低，农药的科学合理使用就成为了关键。2019年中央1号文件特别指出，要稳定粮食产量、保障重要农产品有效供给，农药必将扮演重要角色。

对待农药，宋宝安总结了十六字箴言："正确认识，严格管理，规范使用，科学发展。"首先，新修订的《农药管理条例》改革了农药管理制度，使农药的登记更为严格，使用更加安全，并加强了农业农村部门的监管手段，加大了对违法行为的惩处力度，这为农药的合理使用打下了坚实的法制基础。其次，宋宝安建议大力推广绿色防控技术。

策略层面，树立以"生态为根、农艺为本、生物农药和化学农药防控为辅"的植保新理念，建立"以作物健康为主体防控措施，变传统被动防治为作物主动防御"的新策略。

政策层面，制定绿色防控技术推广应用的激励政策，大胆探索基于作物全程健康、基于区域专业化的病虫害防控政策，跳出过去"单病单虫"的防治政策。

研究开发层面，开展科研、生产、推广多行业协作，建立涵盖农药企业、高校院所、植保推广应用部门的协同创新联盟，研发更高效、更环保、更安全的绿色农药和生态农药，充分利用社会各方面力量加快绿色防控投入品的推广应用。

技术层面，建立以农艺、生物或物理防治等非化学防治措施为主要内容的作物病虫害绿色防控体系，维系可持续发展的作物农田生态系统。

"总之，加大绿色生态农药、植物源和微生物源农药、生物信息素产品、免疫激活剂以及高效绿色新农药、新剂型的创制开发，要走清洁工艺、绿色工艺及生态工艺，对环境和生态友好的道路。加强天敌规模化人工饲养和释放及天敌防治技术的研究。开发绿色农药精准使用技术与高工效施药技术及航空植保技术，建立基于作物健康的全程植保综合防控技术体系，完善统防统治机制，强化绿色农药及其配套技术的普及应用，既要满足我国农业防灾减灾的刚性需求，还要符合我国农业绿色发展、质量兴农、绿色兴农的需求。"宋宝安说。

宋宝安还重点强调了加强科普宣传的重要性。他表示，科普是让公众了解农药、懂农药的关键。一方面，用农药的人不了解农药，导致对施药方式、施药时期、施药剂量和施药安全间隔期等把握不准确，是导致农药残留超标、产生药害及中毒的主要原因。另一方面，公众不了解农药，导致"谈农药色变"。建议在大、中、小学开展农药科普讲座，出版通俗易懂的农药科普手册和宣传画，加强媒体正面宣传和科学引导，同时加强基层农药使用者合理使用农药的相关培训。总之，希望全社会形成合力，大力推进农药减量控害，积极探索出高效安全、资源节约、环境友好的现代农业发展之路。

三、紧盯前沿技术　加强绿色创新

农药虽小，但关系重大。当前我国农业以绿色兴农、质量兴农为发展目标，在化肥、农药"双减"政策下，我国农药行业今后将朝着哪些方向发展？

宋宝安认为，行业的热点趋势主要集中在以下几个方面：环保核查，加强对农药生产企业和农药施用的监管力度，通过"新门槛"推动行业良性发展；农药集中配送，从源头规范市场；"试水"电子商务，实现企业网络化、信息化；农药管理新政策，统一农药生产管理、严查市场、严管使用；作物解决方案，企业与高校、科研院所深度融合，向整体的技术服务转移，强调作物健康为目标的全程解决方案；大力推广生态农药，以生物源或天然物作为生态农药先导结构，开展生态农药的分子设计研发是农药减量增效的有效途径之一；兼并重组，优化产业和行业结构；农药管理，引领企业向诚信、创新、合作方向发展。

而在农药创制上，宋宝安指出，国家"十三五"期间农药绿色创新重点包括：加强品种绿色工艺创新研究，节本清洁，增强竞争力；加强骨干品种绿色制剂创新研究，减少生态环境风险；

推动专利过期品种国产化进程，为替代提供当家品种；加快免疫诱抗剂、性诱剂及调节剂产业化及应用技术研发，推动生态调控；研发高工效农药和航空新型制剂，加快药种肥一体化进程，提高农药利用率和精准化率及省力化；推进绿色农药全程植保技术和体系建设，为以区域和作物健康为代表的重大病虫害防控提供全程免疫解决方案。

对于"十四五"期间的农药创新，宋宝安认为，根据国家重大需求，瞄准国际前沿，针对制约我国绿色农药创制与产业化的关键问题，通过农药等农业投入品基础研究、关键共性技术、产品创制、产业化四类关键问题的整合和联合创新，并在绿色药物新靶标和分子设计、生物农药合成生物学、RNAi新农药创制等重大产品创制与产业化等前沿核心技术方面进行突破。力争创制一批具有自主知识产权、国际竞争力的"重磅炸弹"级新产品，建立其产业化关键技术和农业应用技术，同时，培养一批农药创新领域的领军性人才和一批具有很强国际竞争力的龙头企业，为农业绿色发展、乡村振兴战略实施提供科技支撑。

宋宝安特别看好 RNAi 农药，将其誉为"农业上又一次新的科技革命"。他介绍说："RNAi 农药兴起于近两年，它将为农业可持续发展提供一条全新的解决途径。"利用 RNAi 农药干扰技术，可阻止害虫或病菌进行相关蛋白质的翻译及合成，切断信息传递，在基因层面上杀死害虫和病菌，从而帮助人类将作物害虫、病菌以及杂草杀灭。

"我们还应结合当今国际新农药创制研究的趋势和特点。比如以功能基因组学、蛋白质组学以及结构生物学、化学生物学、生物信息学为代表的生命科学前沿技术，尤其是以基因编辑为代表的颠覆性技术与新农药创制研究的结合日益紧密。目前，高性能计算、大数据以及人工智能等新兴技术开始应用于新农药创制研究，极大地提高了农药创制效率。最后，多学科发展的推进是不可逆转的趋势。世界农药科技的发展已经进入一个新时代，多学科之间的协同与渗透、新技术之间的交叉与集成、不同行业之间的跨界与整合已经成为新一轮农药科技创新浪潮的鲜明特征。"宋宝安的眼中闪着亮光。

专访"中间体衍生化法"之父刘长令：对农药谈之色变是偏见

澎湃新闻记者　徐路易

"原本人们没有农药就没饭吃，所以需要农药；现在有饭吃了，我们开始考虑它的残留、风险、环境污染等，这是对的。但不能因此就否定人们在农业生产中对农药的需求。"

中化国际科技创新中心首席科学家刘长令，在日前接受澎湃新闻（www.thepaper.cn）记者专访时表示，人们"谈农药色变"，实际上是对农药有较深的偏见。

刘长令 1963 年生于河南，曾任沈阳化工研究院总工程师，现任中化国际科技创新中心首席科学家，兼任中国化工学会农药专业委员会主任委员及农药（沈阳）国家工程研究中心主任。

2014 年，其研究团队创建了绿色农药分子设计和品种创制的"中间体衍生化法"，发表在化学领域顶级期刊《化学评论》（*Chemical Reviews*）上。

中化国际（控股）股份有限公司（中化国际，600500）脱胎于中国中化集团有限公司的橡胶、塑料、化工品和贮运业务，于 1998 年 12 月在北京成立，目前主营中间体及新材料、农用化学品、聚合物添加剂和天然橡胶等领域。2000 年 3 月，中化国际在上海证券交易所挂牌上市。

农药是农业、林业上用于防治病虫草鼠害及调节植物生长、昆虫生长的化学合成或来源于生物、其他天然物质的一种物质或者几种物质的混合物及其制剂，按品种分包括杀虫剂、杀螨剂、杀菌剂、除草剂和植物生长调节剂等。

公众"谈农药色变"，缘起甲拌磷等高毒性农药

刘长令认为，公众"谈农药色变"，很大程度上是受以前一些高毒农药引发的事件影响。刚开始中国生产的农药品种主要是高毒的有机磷类杀虫剂，因此人们将杀虫剂与农药等同起来，但实际上这类真正令人谈之色变的"农药"已经被淘汰许久。

以前中国生产的许多杀虫剂属于有机磷类，如常用的对硫磷（1605）、甲拌磷（3911）、内吸磷（1059）和敌敌畏等。这些常用的有机磷农药中，根据大鼠急性经口半数致死量（LD_{50}，数值越小毒性越大），有 LD_{50} 在 4～10 毫克/千克的内吸磷和 2.1～3.7 毫克/千克的甲拌磷等高毒性农药。

根据农业生产上常用农药（原药）的毒性，按照急性经口 LD_{50} 的数值，分为剧毒、高毒、中等毒、低毒和微毒五类。据

统计，目前中国批准使用的农药，94％都属于低毒和微毒级别，5％属于中等毒。

2002 年农业部发布公告，禁止内吸磷（1059）、甲拌磷（3911）等高毒农药在蔬菜、果树、茶叶和中草药材上使用。

刘长令提到，曾经还有一种令人色变的农药则是滴滴涕（DDT）。在农药的历史上，滴滴涕是第一个被人工合成的广谱而高效的有机氯杀虫剂。1939 年瑞士化学家首先发现滴滴涕可以作为杀虫剂使用，并于 1948 年获得了诺贝尔生理和医学奖。自此，以滴滴涕为首的有机氯农药成为粮食增产的重要手段，那时每年减少的作物损失约占世界粮食总量的 1/3。

20 世纪 70 年代左右，中国引入滴滴涕。在全球使用几十年后，人们发现滴滴涕类农药具有较高的稳定性和持久性，用药六个月后的农田里，仍可检测到滴滴涕的残留。此外滴滴涕极易在人体和动物体的脂肪中蓄积。

中国在 1982 年禁用了滴滴涕，但是仍然将其用于应急病媒防治、三氯杀螨醇生产和防污漆生产。2009 年环境保护部发布公告，要求禁止在中国境内生产、流通、使用和进出口滴滴涕，但保留了紧急情况下用于病媒防治的可能。

滴滴涕类农药的毒性来自富集而产生的毒性，也就是说如果有残留，由于人体不能靠代谢排出去，体内的滴滴涕就会富集，从而产生高毒性。刘长令介绍，现在的农药在上市前，如果检测出有蓄积毒性，即停止开发，不会被批准上市。

"我们永远都无法说农药没毒，永远不能否认农药有残留。"刘长令表示，化学品毒性和残留问题，都需要得到正确的认识，是否产生危害都与量有关，"氯化钠的大鼠急性经口 LD_{50} 差不多是 3 750 毫克/千克，氯化钠就是食盐，每天食用超过 20 克，长期下来就会对身体有害。事实上，现在使用的农药中没有富集性，且一部分农药的大鼠急性经口毒性低于食盐，在食物中的残留量也远低于 0.05 毫克/千克。"

此外，农药的残留问题还与使用的规范化有关。刘长令向记者介绍，假如一种农药 1 亩*地只需要用 1 克，在做实验阶段就会用 100 克去做。在"极端施药"的情况下，测量并规定最大残留限量（在食品或农产品内部或表面法定允许的农药最大浓度，毫克/千克）、每日允许摄入量［人类终生每日摄入某物质，而不产生可检测到的危害健康估计量，毫克/千克（体重）］等残留限量标准。

其次，施药有安全间隔期，就像有时候人吃完药以后要过 30 分钟才能吃其他东西。农药也是一样，用完某种药以后，一般会规定过多少天之后才适合采收。

因此刘长令认为，如果没有"疯狂用药"或"着急采收"，并不会存在因农作物农药残留致的人类健康问题。

农药仍是治理农作物病虫草害的首选

"现在 60 岁左右的人，都经历过没有饭吃的日子，我们小的时候根本没有农药，但作物收成也非常非常低，无法让所有人吃饱。"刘长令表示，"在完全不施药情况下的粮食亩产，更不能解决现在 14 亿人口的温饱。"

而如今，人口依然在增长，随着工业化发展，耕地面积相对来说还在减少。在这种情况下，只能通过提高农作物单产来保障

---

* 亩为非法定计量单位，1 亩＝1/15 公顷。全书同。——编者注

人们的口粮。

刘长令提到，提高单产的方式有很多，比如种子、土壤管理和各种作物保护措施等，实际上都在使用，但效果并非立竿见影，尤其是在防治病虫草害方面，农药仍然是首选。

刘长令介绍，40年前曾经历过的一件事，小麦田暴发一次虫灾，当时没有农药，组织了数百学生去抓虫子。"这么多人进地里灭虫，虫是灭光了，庄稼也破坏得差不多了，收成也没有了。"

此外，包括黄瓜霜霉病、马铃薯晚疫病等农作物病害可以通过气体传播，也就是说只要有一片黄瓜叶子或马铃薯叶子得了病，人一经过或者刮过风，整个大棚就会暴发疾病。"农作物和人一样，不生病的时候要保持良好的营养，预防疾病，但生病了就要吃药。"

此前澎湃新闻记者采访的多位科学家也表示，粮食增产的办法除了生物技术，就是化学农药。刘长令认为，生物技术是让农作物抗病虫害的办法之一，但作物一个生长季可以受到数种或几十种病虫害的危害，目前的生物技术尚未能实现让一种农作物抵御所有病虫害，因此生物技术和化学技术需要结合使用。

据刘长令介绍，联合国粮食及农业组织（FAO）有一项统计表明，通过合理地使用农药，作物产量的损失可以减少40%，同时也可以减少作物本身抵御病虫害而产生的毒素，利于人畜健康。

此外，刘长令还提到农药市场的反应。2018年受环保治理的影响，部分农药的生产受到限制，价格不断上涨。原本1吨价位在30万元左右的杀菌剂氟环唑，在2018年8月时价格飙升至68万元/吨。

"这就简单地说明一个问题，农药的需求是刚性的，少了价格就会上涨。"

农药的创制与医药相似：研发时间长，成功率低

与医药相似，国内的农药也是从仿制药开始。刘长令表示，在目前常用的六七百种农药中，有 98％左右的农药均为仿制药，国内拥有自主专利权的农药少之又少。农药和医药都存在着研发周期长、成功率低从而导致风险大、投入高的问题。刘长令认为，和医药相比，农药对成本的要求更加严格。

"举个很简单的例子，没有人到医院会说，你这个药太贵了，我不用。你肯定认为哪个药好用就用，贵就贵点。"刘长令说，"但是农药不一样，太贵就不会有市场，大不了种地的人这次就选择少收成。"

以前由于检测技术普遍较为落后，一款农药三五年就能研究或仿制出来，随后上市，包括其对生态环境的影响也并未得到充分认识。

随着技术越来越先进，人们具备了更多种毒理学测试和环境评价的能力，对农药安全的要求也越来越高。刘长令介绍，1956年左右从 800 个化合物中就能筛选出一个产品，到了 1970 年需要 8 000 个化合物筛选一个产品，1980 年后大约 2 万个化合物才能筛选一个产品，现在基本上 16 万个化合物才能筛选出一个产品。

一个 30 人组成的团队来合成 16 万个化合物，每人每年约合成 150 个，则差不多需要 35 年时间，这就使得农药创制的周期变得很长。刘长令表示，目前号称一个产品研发需要 12 年，实际指的就是开发阶段，并未包括前期研究阶段。

除了周期长以外，成功率低也是一大"劝退因素"。在寻找化合物的阶段，研究人员发现一种化合物具有很好的活性，可以优化、衍生或修饰；在功能上合适，接下来就要进行各种毒性测试、残留和代谢研究与检测、生态环境风险评估等，包括是否低毒和低残留、有无致癌性、有无突变性、有无致畸性，对蜂、鸟、鱼、蚕、土壤和水等生态环境有多大影响等，这一研究过程需要 6 到 8 年，大多候选品种在这一"大浪淘沙"的过程中被淘汰。进入工业化生产阶段后，则需要研究合成工艺，性价比不好的候选品种依然被淘汰，随后进行小试、中试，再到产业化大规模生产。与医药一样，每一步测试的淘汰率都非常高，也就意味着成功率低。

20 世纪 80 年代，刘长令发现部分农药虽然品种不一样，但其使用的原料或中间体一样，随后刘长令在 25 年内发表了一系列相关论文，并创建了"中间体衍生化法"。

1997 年，刘长令团队发表了《浅谈中间体的共用性》论文；2014 年受邀在化学领域顶级期刊《化学评论》发表综述论文《中间体衍生化法在新农药创制中的应用》。2017 年，《化学评论》的影响因子为 52.613，在化学化工领域期刊中排名第一，在全球期刊影响因子排名中超过《自然》和《科学》。

刘长令向澎湃新闻记者介绍，中间体衍生化法是基于逆合成分析和现实生产的可行性基础创建的。比如观察一个房子，各种类型的房子可能长相用途不一，但往前推，观察其框架、设计和原料，最后发现原来就是沙子、水泥、钢筋和砖头等几种原料。

农药也是一样，大多数农药都是由最开始的几个原料组成的，通过各种不同的反应，最后得到不同的产品。选对了中间体就选对了原料，选对了安全且价廉的原料来做反应，就意味着成功了一半，提升了研制低毒、安全、性价比高候选品种的概率，也就提高了研发的成功率。

天然产物是实现农药绿色化的重要途径，在这一过程中，刘长令团队以天然产物为模板和中间体，发明了肉桂酸衍生物类杀菌剂氟吗啉，使之成为国内第一个在中国、美国和欧洲获得专利权的农药品种。此后又发明了仅含碳氢氧三种元素、可用于防治苹果树腐烂病的杀菌剂丁香菌酯，以及具有杀菌作用的唑菌酯，并制定了唑菌酯原药及制剂两项国际标准。

农药的未来：低量高效，环境相容

对于未来的研究方向，刘长令认为，农药和医药一样，始终不变的课题就是新产生的病虫草害及抗性管理。受气候环境的影响，新的病虫草害时有发生，而任何药物，长期使用就会产生抗性。刘长令表示，新产生的病虫草害及抗性管理，都需要不断开发新产品；而农药的棘手问题就是防治对象变异快。

对医药而言，目前人类每20～30年繁衍一代，高等生物产生抗性的机理虽然复杂但每一代变化不大。而农药面对的是低等生物，繁衍速度快，变异也快，比如螨虫在纬度较高的地方一年可以繁衍30多代，而哪些变化会影响病虫草害产生抗性，将是农药研究亟待攻克的问题。

因对生态环境和人类健康有影响，所以要考虑环境相容性，刘长令表示，现在的检测技术已经完全可以达到微克级（毫克/千克，溶质质量占全部溶液质量的百万分比来表示的浓度），有些甚至纳克级（微克/千克，溶质质量占全部溶液质量的十亿分比来表示的浓度）。如果在纳克级检测出来有明显问题，也会在研究过程中被淘汰。

但另一方面，也存在某一款农药可能对某一种生物有害，但经生态环境风险评估依然被批准销售。这是因为在尚未出现更好替代品的情况下，若对当下对环境的潜在影响风险较小，就选择保留。刘长令向记者举了个例子，比如某种小麦除草剂，可能对鱼的毒性较高，但这种小麦田离有鱼的地方比较远，在安全评估后认为没有那么大的风险，对鱼的影响小到一定阈值以下，也会批准上市。

"做任何事情是一个平衡，农药不用不行，但用了就希望它对生态环境的影响尽可能低。"刘长令表示。

2015年，农业部下发《到2020年农药使用量零增长行动方案》。2017年年底，农业部表示，已提前三年实现农药零增长的目标。

作为农药创制人员，刘长令认为，所谓"零增长"，其实只是在使用量上进行了限制，随着技术的进步，在保证产量的情况下，实现农药的"零增长"甚至"负增长"并不困难。

"如目前在产业化开发中的除草剂，测算下来1亩地最多只需要用4克，而草甘膦1亩地差不多要使用100克，如果成功上市并实现对草甘膦的替代，使用量大幅减少不成问题。"

所以，在刘长令看来，对农药的使用规制，并不仅仅是使用量零增长，而是通过对生态和环境毒性愈加全面的检测，将不合规的老产品淘汰。未来高效又安全环保的绿色农药将大有作为，尤其非常需要环境相容的绿色农药品种。

　　"零增长是第一步，之后是安全环保低风险，虽然没有任何一样东西是零风险的，但效果好、环境相容、零风险、绿色农药的创制与应用是终极目标，也是必然的发展趋势。"刘长令表示。

科学选购农药和合理使用农药

于志波　　张荣全

　　近年来由于假冒伪劣农药充斥市场，造成农作物减产甚至绝收的事件屡见不鲜。由于农民朋友缺乏自我保护意识和识伪知识，往往造成不必要的损失。因此，科学合理的选择和使用农药是农民朋友必须掌握的知识之一。

一、科学选购农药

　　（1）要注意农药经营者是否正规合法，是否熟悉病虫害防治知识和农药知识。

　　（2）购买农药时应选购信誉比较好、知名厂家的农药，价格虽然要贵一点，但含量足，质量好，效果有保证。

（3）应仔细阅读农药的标签，按照"产品知情，对症买药"的原则，做到"六看"，选择合理的农药。

①一看名称。2008 年 7 月 1 日起，农药不再用商品名称，只用通用名称或简化通用名称。

②二看"三证"号。目前，国产的农药产品需要标注农药登记证号、产品标准号和农药生产许可证号。进口农药直接销售的只有农药登记证号一个证号。

③三看使用范围。要根据防治需要选择与标签上标注的适用作物和防治对象一致的农药。

④四看净含量、生产日期及质量保证期。仔细查看农药标签上标注的生产日期及批号、质量保证期、产品的净含量（重量）。

⑤五看产品外观。合格农药乳剂无分层沉淀；粉剂膨松不结块；粒剂颗粒均匀，附着良好；悬浮剂澄清透彻，能快速摇匀。

⑥六看价格。农药价格与有效成分及含量、产品质量和包装规格等有关，要综合分析，不要贪小便宜。

二、安全使用农药

（一）农药使用

（1）农作物病虫害防治应遵循"预防为主，综合防治"的方针，尽可能减少化学农药的使用次数和用量，以减轻对环境、农产品质量安全的影响。

（2）应按推荐用量使用，随意增减易造成作物药害或影响防效。

（3）适时用药，在病害发生初期和害虫卵孵盛期用药。

（4）把握用药量、用水量。在农药有效浓度内，防治效果的好坏取决于药液的覆盖度，如在喷施杀虫剂、杀菌剂时，充足的用水量十分必要，因为虫卵、病菌多集中于叶背面、邻近根系的土壤中，如果施药时用水量少，就很难做到整株喷透，死角中的残卵、残菌很容易再次暴发，喷药时应以药液均匀覆盖到作物表面为宜。

（5）严格遵循安全间隔期规定。农药安全间隔期是指最后一次施药到作物采收时的天数。为保证农产品残留不超标，一定做到在安全间隔期内不采收。

（二）安全防护

施药人员应身体健康，经过培训，具备一定植物保护知识。年老体弱人员、儿童及孕妇、哺乳期妇女不能施药。施药需注意以下事项。

1. 检查施药药械是否完好 药液不要装得太满，以免发生溢漏而污染皮肤和衣物。

2. 穿戴防护用品 应戴手套、口罩和穿防护服等，防止农药溅入眼睛、接触皮肤或吸入体内。施药结束后，脱下防护用品装入塑料袋中，带回家立即清洗 2～3 遍，晾干存放。

3. 注意施药时的安全 下雨、大风、高温天气不要施药；施药时要始终处于上风位置；施药期间不准进食、饮水、吸烟；更不要用嘴去吹堵塞的喷头，应用牙签、草秆或水疏通。

4. 掌握中毒急救知识 如农药溅入眼睛或溅到皮肤上，及时用大量流动的清水冲洗至少 15 分钟；如出现头痛、恶心等中毒症状，应立即停止作业，脱掉衣服，携农药标签到最近的医院就诊。

5. 正确清洗施药器械 不要在河流、池塘、小溪和饮用水源保护区冲洗，以免污染水源。农药包装物要严禁他用，不能乱丢，要集中存放，妥善回收处理。

（三）安全储存

1. 尽量减少储存量和储存时间 应根据实际需求量购买农药，避免积压变质。

2. 储存在安全、合适的场所 少量剩余农药应保存在原包装中，密封储存于阴凉、干燥、通风、避光处，并要上锁，严禁用空饮料瓶分装剩余农药。注意不要和种子一起存放，以免降低种子的发芽率。勿与食品、饮料、粮食、饲料等其他商品同储同运。

（四）做好农药使用记录及保留购货凭证

（1）农药使用者应当如实记录农药使用情况。《农产品质量安全法》第二十四条规定"农产品生产企业和农民专业合作经济组织应当建立农产品生产记录，如实记载使用农业投入品的名称、来源、用法、用量和使用、停用的日期，农产品生产记录应当保存二年"。《农药管理条例》第三十六条规定"农产品生产企业、食品和食用农产品仓储企业、专业化病虫害防治服务组织和从事农产品生产的农民专业合作社等应当建立农药使用记录，如实记录使用农药的时间、地点、对象以及农药名称、用量、生产企业等。农药使用记录应当保存 2 年以上。国家鼓励其他农药使用者建立农药使用记录"。这样不仅将使用记录纳入法律责任，而且方便使用者有效管控所施农药，防止随意用药、盲目用药。

（2）农药使用者应该保留好购货凭证。使用者应当去证照齐全的店铺购买农药，及时记录所购买农药的名称、来源、时间等信息，并向经营者索取发票，一旦发生问题，可随时携带上述证据向当地农业农村部门或市场监管部门进行投诉。

（五）对使用者违规使用农药的处罚

根据《农药管理条例》规定，农药使用者应当遵守国家有关农药安全、合理使用制度，妥善保管农药，并在配药、用药过程中采取必要的防护措施，避免发生农药使用事故；应当严格按照农药的标签标注的使用范围、使用方法和剂量、使用技术要求和注意事项使用农药，不得扩大使用范围、加大用药剂量或者改变使用方法；使用农药应当注意保护环境、有益生物和珍稀物种。

《农药管理条例》第六十条规定"农药使用者有下列行为之一的，由县级人民政府农业主管部门责令改正，农药使用者为农产品生产企业、食品和食用农产品仓储企业、专业化病虫害防治服务组织和从事农产品生产的农民专业合作社等单位的，处 5 万元以上 10 万元以下罚款，农药使用者为个人的，处 1 万元以下罚款；构成犯罪的，依法追究刑事责任：（一）不按照农药的标签标注的使用范围、使用方法和剂量、使用技术要求和注意事项、安全间隔期使用农药；（二）使用禁用的农药；（三）将剧毒、高毒农药用于防治卫生害虫，用于蔬菜、瓜果、茶叶、菌类、中草药材生产或者用于水生植物的病虫害防治；（四）在饮用水水源保护区内使用农药；（五）使用农药毒鱼、虾、鸟、兽等；（六）在饮用水水源保护区、河道内丢弃农药、农药包装物或者清洗施药器械。有前款第二项规定的行为的，县级人民政府农业主管部门还应当没收禁用的农药"。

《农药管理条例》第六十一条规定"农产品生产企业、食品和食用农产品仓储企业、专业化病虫害防治服务组织和从事农产品生产的农民专业合作社等不执行农药使用记录制度的，由县级人民政府农业主管部门责令改正；拒不改正或者情节严重的，处 2 000 元以上 2 万元以下罚款"。

农民是农药的基础购买者和使用者，帮助农民正确地选购农药产品，科学使用农药，是农药生产企业、农药销售从业者和农药监管部门应尽的义务。

特色小宗作物怎么才能有药可用

金岩　张国福　吴亚玉

　　农药是农业生产不可或缺的重要生产资料，对保障农业及粮食生产安全发挥了巨大作用。但是农药本身具有两面性，施用于农田后，一部分作用于病虫草等靶标生物，起到防治作用，另一部分附着在农作物上，或进入水、土壤和大气中，而进入食物链，影响农产品和食品安全以及生态环境安全。因此，国际上绝大多数国家对农药实施严格的登记许可制度。但是，目前绝大多数农药品种只在小麦、玉米等大宗作物上进行了试验，并取得了国家农药登记，而类似于某些蔬菜、食用菌和中草药等特色小宗作物却没有农药在其上进行过试验，也没有取得合法登记证，面临着无药可用和无残留标准的现状。

一、什么是特色作物和小宗作物农药使用

小作物（minor crops）含义包含种植面积小或农药"少量使用"或特殊用作物。目前国际上对小作物还没有统一定义，国际食品法典农药残留委员会（CCPR）第 41 届会议建议对小作物的定义为：少量使用，种植面积较少，企业在这些作物上登记农药通常不能获得经济回报，甚至很难从登记产品的销售中收回登记费用的作物，包括小作物上农药使用和一些农药品种在主要作物（major crop）上的限制性或低频次使用。特色作物是指种植面积小、经济价值高且农药使用少的作物。由此可以看出，小作物用农药是一个世界性难题，美国、加拿大、澳大利亚以及欧盟国家的农药管理机构都有相应政策与部门具体进行扶持和治理。

二、特色小宗作物用药缺失的原因和根源，为什么无药可用

（1）随着我国种植业结构调整不断升级，尤其是山东省特色农业和"一村一品"迅猛发展，作物种类的多样化与农药品种同质化矛盾日益突出，农药结构调整明显滞后于种植业结构调整。突出表现在大宗作物上使用的农药"泛滥成灾"，而小宗作物及局部种植的特色作物却"无药可用"，农户乱用、滥用药现象严重，药害、安全事故多发，对种植业农产品安全生产构成极大威胁。

（2）要获得登记和使用标签以及相应的农药最大残留限量标

准（MRL），通常需要进行几十或上百项试验研究，其中为满足食品安全要求制定 MRL，按照相关规定提交生物测定、毒理学、残留和环境影响等试验数据，这些试验一般需要几年时间研究，而且试验费昂贵。鉴于试验时间长及投资回报率低，许多农药企业不愿意在种植面积小或农药用量少的作物上进行登记。例如登记一个制剂产品需要 50 万元以上，试验及登记耗时一般在 24 个月以上，但由于小作物面积小，农药登记效益往往是"得不偿失"。

三、目前特色小宗作物用药现状

在我国，据农业农村部农药检定所统计，截至 2018 年年底，全国农药登记产品 41 518 个，登记作物集中在前十位的依次为水稻（18%）、棉花（7%）、柑橘（6%）、小麦（6%）、甘蓝（5.7%）、苹果（5.6%）、黄瓜（5%）、玉米（5%）、大豆（3%）、十字花科蔬菜（3%），占登记农药总数量的 64.3%，油菜、香蕉、葡萄等局部种植的作物只有 1%的农药产品在其上登记。2013 年，全国 29 个省（自治区、直辖市）的统计数据显示，在调查的用于 249 种特色小宗作物的 911 种农药产品中，仅有 190 种农药产品已在特色小宗作物上登记，而没有在特色小宗作物上登记的农药达到 721 种。

在山东，根据山东省农药检定所 2012—2014 年持续三年对全省 17 个地市 40 多个调查点进行的特色小宗作物及病虫害调查结果显示，山东省绝大部分特色小宗作物无登记农药可用或虽有品种登记但却无法满足生产需要，这些作物包括：蔬菜中的大蒜、马铃薯、大白菜、黄瓜、甜（辣）椒、番茄、茄子、大葱、菠菜、生姜、萝卜、菜豆、芹菜、甜瓜、韭菜、西葫芦、豇豆、洋葱、山药、牛蒡、芫荽、西兰花、香葱等；果树中的板栗、大樱桃、山楂、柿子、杏、核桃、石榴以及地域性较强的滨州沾化的冬枣、泰安肥城的肥城桃、淄博和青岛等地种植的蓝莓等；食用菌中的草菇、平菇、双孢菇、鸡腿菇、杏鲍菇、白灵菇、香菇、猴头菇、榆黄蘑、金针菇、黑木耳、灵芝、灰树花、茶树菇、滑菇、黄伞和蛹虫草等 30 余种；中草药中的金银花、山楂、丹参、桔梗、黄芩、西洋参、黄芪和板蓝根等。

以上作物均是山东省特色小宗作物，在全国的产量均居于前列。根据调查，这些作物上病虫害发生种类多，危害严重，但由于无登记的正规农药品种进行防治，农户用药水平差，导致安全隐患极大。

四、特色小宗作物无药可用的危害是什么

无药可用，直接导致农户乱用、滥用农药，农产品安全与质量无法保证与控制。由于没有在该种作物上登记的农药，农户往往根据其他类似作物上登记的农药，"借鉴"到小宗作物品种上，这种没经过严格的试验验证而进行的病虫害防治行为，其使用剂量和施药次数往往大大高于常规；安全间隔期更无依据，肆意施药。在调查中我们发现，有刚刚施药后不久就进行采摘上市的，极易导致作物残留超标，安全隐患极大。当遇到极难防治的病虫害时，有的农户在低毒农药不管用的情况下，违规、违法使用高毒、剧毒农药。如海南"毒豇豆"事件、福建"毒乌龙茶"事

件、山东"毒韭菜"事件和湖南"毒金银花"事件。2013年5月4日晚,中央电视台《焦点访谈》以《管不住的"神农丹"》为题,曝光了山东省潍坊市峡山姜农在种植生姜时违规使用剧毒农药涕灭威事件,涕灭威的使用剂量之大、使用面积之广,令人望而生畏。这些问题蔬菜事件,其根源之一就是农户无登记农药可用而肆意用药导致的后果。具体后果表现在以下几个方面。

(1)导致农产品农药残留超标,危害群众的身心健康。例如我国规定氧乐果等高毒、高残留农药禁止在蔬菜、瓜果、茶叶、菌类和中草药材上使用,而在生产中发现一些农民单纯追求杀虫效果好,擅自在蔬菜上使用氧乐果等农药,导致农产品农药残留超标。

(2)导致作物产生药害,农药使用范围的确定需经过严格的试验,其中一项重要的内容就是明确产品对作物的安全性,按照农药登记作物范围和使用方法使用农药,一般不会出现药害,但是擅自扩大农药使用范围,往往容易导致作物产生药害。

(3)导致生态环境遭受污染。农药是有毒的物质,如使用不当,既对环境生物有直接毒害作用,同时也导致其环境行为对生态环境产生污染。我国对农药的使用环境和使用技术有严格规定,按农药登记范围和使用技术使用农药,不会对生态环境造成不可控制的危害,否则易造成环境生物中毒、污染环境。同时,不合理使用农药,导致大量有毒的农药及助剂在生态环境如水、土壤中残留和蓄积,造成环境污染,也是不容忽视的问题。

(4)导致有害生物抗药性增加。为了延缓有害生物抗药性的发生,国家有关部门制定了农药使用的合理规划,并根据农业生产实际中有害生物抗药性的监测研究结果，及时调整农药的登记使用范围，出台相关管理政策等。如果不加节制地长期、单一使用某种农药，会造成防治对象的抗性不断上升。

（5）监管部门监管无依据。例如，在冬枣种植中，因没有农药登记，农户就按苹果树用药，执法部门抽检发现冬枣含有 10 多种农药，但是不能判定农药残留是否超标，冬枣是否合格。

五、如何解决特色小宗作物无药可用的现状

（一）国外的经验

联合国粮食及农业组织（FAO）于 2007 年和 2012 年组织了全球小作物峰会（Global Minor Use Summit），专题研究分析鲜食农产品小作物农药管理经验。美国、加拿大在此领域成绩巨大，其中美国 IR－4 项目是目前最成功、历史实践最长的小作物用药管理项目。美国 IR－4 项目全称"跨区域研究项目第 4 号"，项目名称"特色经济作物有害生物治理"。1963 年起，IR－4项目就一直是美国政府资助的研究项目，目标是为小作物种植者提供尽可能丰富的农药选择。该项目由美国农业部、州农业试验站为"小作物用药问题"提供解决方案而设立的财政专项，每年预算由农业部向总统申报，国会批准。涉及部门有美国农业部农业研究服务局、美国食品和农业研究所、美国环保署、州农业试验站和相关企业，共有 25 名全职和兼职科学家、协调员和行政管理人员。每年直接资助总计达到 1 800 万美元，资金

主要来源于农业部、国防部、州农业试验站以及行业资助，其他间接资助每年也不少于 1 800 万美元。每年，定期召开 IR－4 会议，确定项目内容，规划进行田间试验、实验室残留分析，评估结束，数据齐全后，报美国环保署进行产品登记。自项目设立开始，IR－4 项目已经为美国环保署制定了 10 000 多个农药允许限量值，提供了在粮食作物和园艺作物上残留试验数据，近十年，每年为制定 500～1 000 个小作物上允许限量值提供所需的试验数据。加拿大政府 2002 年设立小宗作物用药项目（Minor Use Pesticide Programe），政府每 6 年投入 5 450 万美元用于开展田间和实验室残留试验，以取得小作物农药登记的数据。

（二）国内经验和山东省以往做法

从目前各省份的情况看，农药生产和使用大省，浙江、江苏省财政厅每年分别安排 1 300 万元、300 万元用于本省特色小宗作物用药登记试验，解决了杨梅、藕和芋头等作物用药问题。

山东省农药制剂生产和使用全国第一，特色小宗作物品种多，产量大，同时山东的蔬菜、水果、中药材在全国乃至世界极具优势，出口、外销量大，没有必要的、合规的、科学的农药保驾护航，行业难以持续健康发展，因此需要登记的农药品种多，需要试验补贴的资金也多。按照《山东省农产品质量安全监督管理规定》第十六条"省人民政府农业主管部门应当制定扶持政策，组织农药生产企业开展小宗农作物和特色农作物农药登记试验"的规定和山东省的实际情况，自 2012 年起，由山东省农药检定所牵头组织，通过政策、资金以及技术三位一体的支撑，组织省内企业开展联合试验，加大政策支持力度，带动多方资金，使山东省在解决特色小宗作物无药可用的问题上有了一个良好的开局，摸索出一整套运行体制。自特色小宗作物联合试验项目开展以来，通过争取省财政补贴、联合科研院所进行技术攻关以及争取联合试验优惠政策，截至 2019 年共组织了 11 批次试验 119 项联合试验项目，这些农药产品若成功登记将有助于解决山东省韭菜、葱、姜、蒜、金银花、大樱桃、冬枣、芦笋、蒜薹（储藏期）、丹参、核桃、芝麻、食用玫瑰和双孢菇等 14 种作物上无药可用的问题，基本形成一套完整化学防控体系。

但相对于山东省特色小宗作物还有百种以上作物无药可用的现状，目前的工作还仅仅是个开局，人员、资金、技术远不能满足要求，社会相关各方的关注度以及参与度更是亟待提高。因此特色小宗作物无药可用的持续解决，是需要以下几方面共同促进的。

（1）持续增加省财政资金投入，强化项目公益性质。每年安排资金 500 万元以上，按照 20％～50％ 的试验经费配给，每年解决 2～3 种特色小宗作物登记用药。

（2）在济南、烟台、菏泽、滨州和临沂建立特色小宗作物农药试验高风险农药监测点，保证试验和监测数据准确性和科学性，保障农业生产用药和农产品质量、生态环境安全。

（3）整合资源、做好平台，尽快做好从技术到实践的转换。建议以适当形式公布特色小宗作物研究名录，做好信息集合平台，整合资源，广泛集合科研力量的支持，盘活技术资源，同时搭建好技术转化平台，确保项目科学、合理、有效地开展。

（4）多层次贴合企业发展需求，提高企业参与积极性。应根据特色小宗作物的特点、分布以及农药品种的特性，分档次、分层次动态提供相应的优惠政策，并定期公布特色小宗作物已登记产品名录，保护企业市场利益。政策的优惠应当既要贴合企业发展需求，保护市场利益，同时还应设置对应门槛，确保优质企业加入或优质农药产品登记。

城市也用农药，怎么用？
一个很大的发展空间

杨理健　董秀霞

我国有 2 000 家左右农药生产企业，截至 2018 年年底，登记农药品种 681 个、4 万多个产品，但是城市用药很少。随着城市的规模扩展，城乡一体化的推进，农民进城安家落户剧增，城市绿化、庭院经济、阳台种植如雨后春笋一样迅猛发展，给城市用药带来很大的发展空间。

一、城市用药剧增，优惠政策需要跟进

食品安全引起社会的关注，人们重视"舌尖上的安全"。农

产品生产从追求数量向数量质量并重发展。从农产品市场需求的变化看，农产品的市场需求和消费，已经表现出非常明显的高端化、小型化、特产化、精致化、功能化和品牌化的发展趋势。"毒韭菜""毒生姜""毒白菜"使人们更加愿意自己种植蔬菜，自己吃，自己培育花草，自己欣赏。一个小院，一片菜地，是人们向往的生活。人口的老龄化使退休在家的人增多，家庭住宅的改善，使人们有了自种自食、美化居家环境的条件。城市绿化面积增加，文明城市创建，新建公园、广场，草地、花木面积扩大，这都需要大量的农药。在城市里常见的给树木打吊瓶就是一种新的施药形式。

　　现在登记一个制剂需要 50 万～100 万元，登记一个原药需要 500 万～1 000 万元，很多小规模农药企业望而生畏，找不到发展、生存的方向。城市使用农药毕竟不如农田使用量大，而且大多数属于小宗作物，生产企业不愿意出钱登记产品，势必导致无登记农药可用，甚至乱用药。与此同时，城市用药质量要求高，风险要求控制在最低，投资成本高，农药的价位相差不很大，经济效益难以预测。因此，怎样调动农药生产企业登记城市用药的积极性是一个问题。农业农村部在对城市用药登记方面，应该有一些优惠政策，比如可以按照特色小宗作物登记，群组化、扩作，减少相关试验项目，甚至在风险可控的情况下，采取到农业农村部备案的临时用药政策。其实，委托加工、分装很大程度上就是为小企业设定的，他们可以给大型农药生产企业委托加工。那么，就可以在小、精、特上做文章。比如做特色小宗作物用药，做精致农药，做特殊产品用药。城市使用农药，就是一个很好的用武之地。

二、农药已经具备了城市用药的条件

（一）化学农药

20世纪，我国高毒农药比例高达 60％。现在使用的农药，杀虫效果最大可以提高 100 倍，而且用量少，是以往用量的十几分之一，甚至几十分之一，一些农药的毒性比我们吃的盐、喝的咖啡、医药都要低，而且低残留、生态友好，这就加速了我国高毒农药淘汰的进程。现在，低毒、微毒产品比例超过 82％，高毒、剧毒产品降至 1.4％，生物农药占 10％；制剂产品朝环保方向发展，悬浮剂、水剂、水分散粒剂和水乳剂等环保剂型比例逐年提高，有的助剂使用的是豆油、面粉等，安全可靠。现代农药，不仅要高效、低毒、低残留，还应该涵盖对作物保护对象的安全，打药飘移对其他作物、动物的安全，对农业有害生物天敌的安全等。

（二）绿色防控

1. 微生物农药 应用广泛的有绿僵菌、白僵菌、微孢子虫、苏云金杆菌、蜡质芽孢杆菌、枯草芽孢杆菌和核型多角体病毒等成熟产品。防治范围广；对系统性病害防效优；促进植株生长，增强抗病抗旱等抗逆作用；有的还具有降解土壤中农药化肥残留的作用。

2. 农用抗生素 春雷霉素，防治黄瓜枯萎病等；多抗霉素，防治番茄晚疫病、梨树黑星病等12种作物的30多种病害；嘧啶核苷类抗菌素，防治大白菜黑斑病、番茄疫病、瓜类和葡萄白粉病等 10 多种作物的 30 多种病害。

3. 植物源农药　藜芦碱对蔬菜蚜虫、茶树小绿叶蝉等害虫的速效性和防治效果均与常用化学农药效果相当或略高；苦参碱对蔬菜蚜虫和菜青虫、黄瓜霜霉病、梨树黑星病、茶树茶毛虫、辣椒病毒病等效果好；鱼藤酮防治蚜虫、菜青虫和斜纹夜蛾等害虫；大蒜素兼具杀菌和抑菌作用，可防治甘蓝软腐病和黄瓜细菌性角斑病，使用大蒜素后，蔬菜病虫害发生概率变小。

4. 色板诱杀害虫　利用昆虫对颜色的趋性，悬挂带黏胶的色板，诱杀害虫。黄板诱杀蚜虫、粉虱和斑潜蝇等害虫；蓝板诱杀蓟马、种蝇等害虫。

5. 频振式杀虫灯诱杀害虫　杀虫灯采用了现代的光、电、数控技术与生物信息技术等，能够诱杀多种害虫。诱杀的害虫主要有斜纹夜蛾、甜菜夜蛾、玉米螟等，以鳞翅目害虫为主，占总数量的 85%～90%。在城市，还可以做到杀虫、照明一灯两用。

6. 性诱剂诱杀害虫　性诱剂就是利用害虫的雌成虫在成熟交配期能释放一种性信息素，可吸引同种雄成虫前来交配的原理，人工合成的某种害虫的性信息素。在田间放置装有性诱剂的诱捕器，可诱杀靶标害虫的雄虫，使得雌虫失去交配机会，不能有效繁殖后代，减少田间虫卵量 40%～60%。广泛使用的有诱杀甜菜夜蛾、小菜蛾等 20 余种蔬菜主要害虫的性诱剂。

7. 天敌防治害虫　天敌就是害虫的天然敌人。七星瓢虫专门吃蚜虫。胡瓜钝绥螨专吃红蜘蛛、跗线螨和铁壁虱等害螨；斯氏钝绥螨喜欢吃蓟马和烟粉虱的卵。

三、庭院植物主要害虫防治

(一) 蚜虫

蚜虫俗称腻虫、蜜虫,是繁殖最快、对花卉为害最重的一类害虫。它们种类繁多、颜色各异、为害甚广。蚜虫常常聚集在植株的花芽、嫩叶或嫩枝上吮吸汁液,使植株发黄变形、花容减色,严重时会使植株萎蔫、畸形生长。

防治方法:盆栽花卉上零星发生时,可用毛笔蘸肥皂或洗衣粉水将其刷掉,用烟熏也能起到作用;当无法采用物理手段将蚜虫杀死时,可采取化学防治,如吡虫啉、阿维菌素和哒螨灵等农药对消灭蚜虫均有效果,按农药产品使用说明稀释后喷洒患病植株,叶背面也要喷施。同时可以保护和释放蚜虫的天敌昆虫——瓢虫、食蚜蝇和草蛉等。

(二) 介壳虫

介壳虫俗称花虱子,是花卉上最常见的害虫之一。它们常常聚集在花卉的叶片、茎秆和花蕾处,吮吸植株汁液,同时排出糖质黏液,会导致多种植物病害如煤污病等,严重时整株死亡。

防治方法:介壳虫因有厚厚的保护壳,一般药剂对它不起作用,所以需使用防治介壳虫效果好的农药,例如噻嗪酮、螺虫乙酯。另外,用高度白酒或酒精擦拭介壳虫几次防治效果也不错。

(三) 蓟马

蓟马是缨翅目昆虫的统称，在世界各地广泛分布，它们食性复杂，主要有植食性、菌食性和捕食性，其中植食性占一半以上，是重要的经济害虫之一。常见的花蓟马、茶黄蓟马等为害兰花、茉莉、唐菖蒲和大丽花等多种花卉，它们以锉吸式口器取食植物的茎、幼嫩组织，导致新叶皱缩、花朵畸形等，最终会使植株枯萎。

防治方法：蓟马多于春秋季暴发，可用吡虫啉、阿维菌素和啶虫脒等常规药剂防治。

(四) 粉虱

粉虱属于半翅目粉虱科，主要为害一品红、小天使、叶牡丹和瓜叶菊等多种花卉，常见的有温室粉虱、柑橘粉虱、黑刺粉虱和烟粉虱等。粉虱成虫或若虫群集在寄主的嫩枝、叶背吸汁，会造成叶片变黄、萎蔫、枝梢干枯，甚至死亡。若虫的分泌物，常诱发煤污病，影响植物代谢。

防治方法：利用粉虱成虫对黄色有强烈趋性，可在花卉植株旁边放置黄板，摇动花卉枝条，诱杀成虫。可使用噻虫嗪、溴氰菊酯等药剂，对各虫态喷雾防治均有良好效果。

(五) 毛毛虫

毛毛虫是鳞翅目昆虫的幼虫，它们种类繁多，不同种类的毛毛虫会为害不同植物。人的皮肤接触了毛毛虫，会产生瘙痒、肿痛。

防治方法：不同种类防治措施不同，一般可使用辛硫磷、高效氯氰菊酯和甲氨基阿维菌素苯甲酸盐等药剂防治。

（六）叶螨

叶螨并非昆虫，而是蛛形纲蜱螨目叶螨科的害螨，主要为害月季、桃花、石榴和木槿等多种花卉。它们取食范围甚广，除使受害花卉出现褪绿、斑点、卷缩和落叶等症状外，还可传播病毒、植原体等病原物，引起花卉植物病害。我们常常见到的红蜘蛛就是叶螨，它们个头很小，一般肉眼很难看见，发展很快，但为害甚大、繁殖力惊人，赶不尽杀不绝，非常扰人。

防治方法：很多带"螨"字的药剂都是防治红蜘蛛效果好的农药，例如哒螨灵、螺螨双酯和四螨嗪等，于清晨或傍晚，按照农药产品使用说明稀释药物，全面喷洒患病植株，叶背也不能放过，摘除患病严重的叶片，3天喷1次药，持续2～3次基本可以清除。

安全选用卫生杀虫剂，
防止蚊蝇的肆虐

张耀中　殷庆武

　　我们每个人都有这样的经历：当你睡意正浓时，一只蚊子在你耳边"嗡嗡"飞过，猛然叮你一口，严重影响你的睡眠；当你正在对着一桌美食兴高采烈时，一只苍蝇盘旋而过，一下子落到你的食物上，严重倒了你的胃口。蚊蝇不但影响你的生活，更严重的是它们还能传播部分疾病，危害你的身体健康。家庭中防治蚊蝇等害虫，除使用蚊帐隔离、用工具拍打等物理防除方法外，我们还常用"铁罐"喷、用"蚊香"熏等化学防治的办法，使用的药剂统称为卫生杀虫剂。

一、科学认知卫生杀虫剂

什么是卫生杀虫剂呢？卫生杀虫剂是农药的一类，是用于室内和公共卫生环境，有效防治蚊、蝇、蜚蠊（俗称蟑螂）等有害生物，保护人们身体健康的特殊商品。卫生杀虫剂主要包括两大类。一类是消费者直接使用的产品，多用于家庭室内，包括蚊香、杀虫气雾剂、电热片蚊香、电热液体蚊香、杀蟑（蝇）饵剂、驱蚊花露水、驱蚊液和驱蚊乳等；另一类是由专业人员使用的产品，多用于室外公共卫生环境，包括悬浮剂、水乳剂、可湿性粉剂和可分散粒剂等，这类产品一般都需要兑水稀释使用。我们关注的重点是第一类，即家庭用卫生杀虫剂。

既然卫生杀虫剂是农药的一类，又直接使用于人们居住的环境，我们不免担心，卫生杀虫剂是否会对我们身体造成不良影响。其实大可不必担心。因为国家采取严格的农药登记管理措施，来确保卫生杀虫剂的使用效果和使用安全。

我们有必要了解一下如何通过实施登记管理来确保卫生杀虫的安全。2017 年，国务院颁布新《农药管理条例》，明确规定用于预防、消灭或者控制蚊、蝇、蜚蠊、鼠和其他有害生物的药剂属于农药管理范畴。国家实行农药登记制度，生产农药和进口农药，必须进行农药登记。卫生杀虫剂与普通农药一样，采取多部门联合评审制度。国务院农业、林业、卫生、环境保护和工业行业管理、安全生产监督管理有关部门和供销合作总社等单位推荐的管理专家和技术专家，组成全国农药登记评审委员会。全国农药登记评审委员会对农药的产品化学、毒理学、药效、残留和环境影响等做出综合评价。根据全国农药登记评审委员会的评价，符合条件的，由农业农村部颁发农药登记证。农药登记本身是一个科学评价的过程，有一套完整的评价方法和程序，一个产品的登记要经过多层次评审，各专业组专家评审、综合评审及全国农药登记评审委员会评审，评审通过产品在中国农药信息网（http：//www. chinapesticide. gov. cn）上公示，公示通过后，上报农业农村部行政主管部门批准。国家采取多种措施，保障卫生杀虫剂安全。第一，要进行科学试验。申请登记的产品需要根据《农药登记资料规定》进行一系列的科学试验，包括产品质量、毒理学、药效、残留、环境安全等。毒理学试验是用于评价产品对人体健康影响的试验，一种卫生杀虫剂能否登记上市，在健康安全方面需要通过 11 大类毒理学试验。第二，进行安全评价。我国参照世界卫生组织（WHO）的方法标准对卫生杀虫剂进行安全性评价。只有通过科学试验，经过专家组综合评价，证明对人类和环境是安全的，对蚊、蝇、蜚蠊等有害生物防治有效果的产品才能获得登记。第三，限制有效成分。高毒、高风险的有效成分不能用于卫生杀虫剂产品的生产。新《农药管理条例》明确规定"剧毒、高毒农药不得用于防治卫生害虫"。另外，对毒性低但风险比较高的有效成分也禁止使用，如仲丁威、五氯酚钠、氯氟化碳类物质、八氯二丙醚等。第四，限制含量。我国卫生杀虫剂登记引用世界卫生组织推荐的有效成分和含量范围，含量不超过世界卫生组织推荐的卫生杀虫剂有效成分用量的上限。第五，风险评估。对有潜在风险的卫生杀虫剂，开展风险评估。经评估风险可接受的产品才能获得登记，风险高的产品不能登记。第六是实施登记后再评价。登记后的产品，使用一定年限后，根据新的要求、标准和有关试验数据进行再评价，再次确认产品的安全性和有效性。评价结果不能达到新标准的产品，将被取消登记或限制其使用范围。因此我们说批准登记的卫生杀虫剂，都经过了严格的试验和评价，其有效性和安全性都有保证。

选购卫生杀虫剂的一般原则。无论是杀虫气雾剂、蚊香还是电热片蚊香和电热液体蚊香，首先适应于一般原则。应根据家庭成员的身体情况和家庭条件，选择适合的卫生杀虫剂产品。选购时，一看包装，注意包装要完整，标签或使用说明书规范、印刷清晰；二看"三证"，"三证"是指农药登记证号、生产许可证或批准文件号、产品标准号，不购买无"三证"或"三证"不全的产品；三看有效成分，不购买未标注有效成分及其含量的产品；四看生产日期，要购买保质期内的产品。对产品有疑问时，可以登录中国农药信息网查询有关产品登记信息和标签信息。

使用卫生杀虫剂不适应症状的处理。目前，卫生杀虫剂的有效成分主要为拟除虫菊酯类杀虫剂，正确使用不会引起不良反应。一旦发生不良反应如头晕、恶心等，应该马上离开使用环境，并携带包装盒或说明书等到医院就医。

二、安全选用杀虫气雾剂

(一)什么是杀虫气雾剂

杀虫气雾剂是将卫生杀虫药剂、溶剂等成分密封充装在气雾罐内，借助抛射剂的压力把杀虫药剂按预定形态喷出，用于杀灭或驱赶蚊、蝇、蜚蠊等害虫。

(二）杀虫气雾剂的历史

（1）在第二次世界大战中为解决东南亚战场上蚊媒病疟疾、登革热的传播，1941 年，美国农业部研发了一种新型杀虫剂——气雾剂，投放到东南亚战场后，在控制蚊等病媒生物上取得了成功。

（2）1949 年后，英国、德国和法国等国家相继仿效生产杀虫气雾剂，并使其迅速商品化。

（3）1985 年，上海联合化工厂生产的"品晶牌"杀虫气雾剂是我国生产的第一个杀虫气雾剂产品。之后，企业从引进制罐、阀门和灌装等生产设备开始，逐步实现生产设备及制剂的国产化。目前，我国杀虫气雾剂的生产量和使用量均居世界前列。

（三）杀虫气雾剂的组成

杀虫气雾剂由有效成分、溶剂、助溶剂和抛射剂组成。有效成分是能杀死害虫的药物，现以拟除虫菊酯类药物为主。溶剂是能将杀虫药物溶解的液体，如无味煤油、酒精等。助溶剂是由于有些药物不能直接溶解到溶剂中或溶解度很低，加入该种物质后可以增加药物在溶剂中的溶解量，如丙酮、异丙醇和乳化剂等。抛射剂是能产生压力将气雾罐内的药液通过阀门推射出去的物质，如丙丁烷气体、二甲醚等。

（四）科学选购杀虫气雾剂

（1）先看看家里有什么害虫（是蚊、蝇，还是蜚蠊），需要买哪类产品，然后到正规的商店或超市购买。

（2）要认真核对产品标签，确定购买产品杀灭的害虫与家里发现的害虫是一致的。

（3）按照卫生杀虫剂选购的一般原则进行选购。

（五）正确使用杀虫气雾剂

（1）规范操作。使用前应仔细阅读标签或使用说明书；戴上手套，做好个人防护，连续摇动罐体多次，使罐内药液均匀；将气雾剂上盖打开，在卫生间角落处，试一下气雾剂阀门的压力；防治蚊、蝇等飞虫时，可直接对准飞虫喷雾（也叫点喷），或者向空中适量喷雾（也叫空间喷雾）。采用空间喷雾时，关闭门窗，向上45°向空间各方向喷射10～15秒，使房间内充满药雾。防治蜚蠊等爬虫时，可对准爬虫喷射（也叫点喷），或者向爬虫隐蔽、栖息的地方喷射（也叫面喷）。使用后立即关闭门窗，离开房间。约20分钟后打开门窗，充分通风后方可进入。使用完毕，盖好盖子，将其存放于儿童接触不到的阴凉处。用肥皂液洗手，并清洗身体裸露的皮肤。

（2）注意防护。在喷药之前，先把食物、水源和碗柜等密封或遮盖，避免污染；施药时应该做好个人防护，最好能穿长袖衣服，防止皮肤沾染药物或通过口、鼻吸入药物。

（3）适量使用。按照说明书使用，不要人为增加使用量。害虫少时，以点喷为主，害虫较多时，以空间喷雾和墙面喷雾为主。

（4）妥善保存。杀虫气雾剂属于压力包装，要避免猛烈撞击，远离高温环境。另外，部分产品使用易燃的有机物作溶剂，要远离火源、热源，避免光线直射，不要存放于阳台和汽车内，以免发生危险。

（六）使用杀虫气雾剂注意事项

（1）远离热源放置，也不能放在床头或儿童易触摸的地方。
（2）慢性支气管炎、哮喘和过敏体质者不宜使用。
（3）使用后洗手、开窗通风。
（4）使用时禁止对着人的眼睛、火源和食物等喷雾。

三、安全选用电热片蚊香

（一）什么是电热片蚊香

电热片蚊香由电加热器和蚊香片组成。电加热器应用 PTCR（一种正温度特性热敏电阻）元件自动调节温度的性能，用电加热替代燃烧生热，以达到药物挥发温度及挥发量稳定的要求，通过加热将蚊香片内的药物均匀挥发出来，从而起到驱蚊、灭蚊的作用。

（二）电热片蚊香的发展历史

20 世纪 60 年代初，日本一位从事蚊香研究的人员在河边散步，忽然看见脚下有一个已坏的线绕电阻，于是脑海中突然闪出一个念头：是否可以用它来对蚊香加热使杀虫有效成分均衡挥发？1963 年电热片蚊香加热器正式问世。20 世纪 80 年代，我国开始发展电热片蚊香，90 年代后期逐步成熟并迅速发展。随着我国原纸片和滴加液技术的不断完善，电热片蚊香无烟、药效稳定的优点得到了认可，现已成为家用驱蚊的主要产品之一。

（三）电热片蚊香的组成

电热片蚊香由电加热器、滴加液、原纸片和复合铝膜组成。电加热器是能使蚊香片中有效成分均衡挥发的加热器具；滴加液由有驱蚊杀蚊效果的有效成分、稳定剂、溶剂和颜色指示剂等物质组成；原纸片是指承载滴加液的特殊纸片；复合铝膜是能防止药物挥发的包装材料。

（四）科学选购电热片蚊香

（1）到正规的商店、超市购买。

（2）按照卫生杀虫剂一般选购原则选购，即看包装、看"三证"、看有效成分和看生产日期。

（3）电热片蚊香的加热器有带线和不带线之分，购买时要注意塑料件是否有缺陷，加热器零部件是否组装牢固，紧固件是否松动，金属件有无锈斑。通电后指示灯应明亮，片刻传热板有烫手感觉。

（4）电热片蚊香表面应无明显色差，使用时气味芳香适宜，无刺激感。

（五）正确使用电热片蚊香

（1）规范操作。使用前应仔细阅读标签或使用说明书，将蚊香片从包装中取出，注意现用现取，以减少药物的损失。将蚊香片平整放在加热器的金属导热板表面。根据放置的场所，将电源线从加热器具中抽出，并将插头插入电源插座中，不带电源线的加热器则直接插入插座中。装有开关的电加热器，在将插头插入电源插座之前，应先将开关置于关闭位置（OFF），待插入后再将开关拨至开通（ON）位置。接通电源后，指示灯应显示光亮，说明加热器已经开始工作。使用完毕，应将插头从电源插座中拔出切断电源（或关闭开关）。注意：蚊香片呈现深蓝（深红）色表示有效成分充足，蚊香片呈现浅蓝（深红）色或白色表示有效成分已快用完。

（2）保证有效空间。蚊香片都有一定的有效驱蚊空间和有效使用时间，当空间过大或使用时间过长时则会影响驱杀蚊虫的效果。夏季闷热，房间门窗多处于通风状态，应将蚊香器放置在上风处，蚊香片挥发出的药物能扩散到室内其他区域，达到较好的驱杀蚊虫效果。

（3）保证安全使用。蚊香片含有杀虫剂，尽管它的毒性很低，但也要尽量减少直接触摸，如果接触要及时洗手。在密闭和通风条件较差的室内使用时，要注意适时换气，一次使用时间不要超过8小时。

（4）合理摆放。电热片蚊香使用时应尽量远离床头放置；尽量远离易燃品，如纸箱、木制家具和衣物等，以防因受热而引发火灾；如果是铺有地毯的卧室或者是木地板，使用电热片蚊香时下面应放一块阻燃性比较好的垫板，如瓷砖、石板等。同时，也不要将它放置在角落或窗帘下，这样会影响杀虫效果。

（六）使用电热片蚊香注意事项

（1）每次使用完毕，冷却后，应妥善收藏，避免掉落及受剧烈冲击，影响或损坏内部器件。

（2）长期不用存放前，应用软布或纸巾轻轻擦净表面灰尘及污斑，切不可用水、洗涤剂、清洁剂及汽油等擦洗。

（3）应存放在通风、干燥场所，避免阳光直接照射。

（4）老年人、病人和过敏体质者宜采用蚊帐或物理方法防蚊。

（5）使用或存放时注意不要让婴幼儿触及。

四、安全选用电热液体蚊香

（一）什么是电热液体蚊香

电热液蚊香由电子恒温加热器、驱蚊药液和多孔质吸液芯组成。将多孔质吸液芯下部浸渍在药物溶液中，上部安装在电子恒温加热器上，由加热器加热到合适温度，通过多孔质吸液芯的毛细吸收作用，使药液不断均衡地从芯的顶端蒸散出来，起到持续、平衡的驱蚊、杀蚊效果。

（二）电热液体蚊香的历史

电热液体蚊香的研发思路是基于点燃煤油灯的原理而形成。其研发过程尤其漫长，几乎经历二十年之久才得以投放市场。我国电热液体蚊香出现在 20 世纪 80 年代末期，由于当时技术不成熟，导致质量不过关，因而出现了较长时间的停滞期。近年来，随着技术工艺的完善、新型药剂的发展，电热液体蚊香才逐渐在卫生杀虫剂中快速发展壮大起来。

(三)电热液体蚊香的组成

电热液体蚊香主要包括电加热器、塑料瓶、蚊香液及多孔质吸液芯。

(四)科学选购电热液体蚊香

(1)到正规的商店、超市购买。

(2)按照卫生杀虫剂一般选购原则选购,即看包装、看"三证"、看有效成分和看生产日期。

(3)购买电热液体蚊香时要先看塑料部件是否有缺陷,电加热器组装是否牢固,还要注意金属部件有无锈斑,通电后指示灯是否明亮。

(4)蚊香液应透明,无分层、结晶和沉淀,使用时应无明显烟雾及刺激性气味。

(5)密闭性:按正常工作状态组装好电热液体蚊香,在最不利的倾斜角度放置1小时后,应无药液从瓶口溢出。

(五)正确使用电热液体蚊香

(1)规范操作。使用前应仔细阅读标签或使用说明书,拆除电热蚊香液瓶的外包装,旋松瓶盖垂直向上取出,注意不要碰坏挥发芯。将盛有蚊香液的药液瓶装入电加热器中(对有瓶座或瓶托的电加热器,应先将药液瓶放入瓶托内,并轻轻压紧固定,然后再将瓶托装到电加热器座内)。将电热器线从电加热器中抽出,并将插头插入电源插座中,不带电源线的加热器则直接插入插座中。将电热器插头插入电源插座中之前,应将电热器的开关置于关闭位置（OFF），待要使用时再将开关拨至开启（ON）位置。接通电源后，指示灯亮，说明电加热器已经开始工作。使用完毕，应关闭开关，切断电源。

（2）保证有效空间。电热液体蚊香的有效空间一般为28～42米^3（10～15米^{2}的房间）。当空间过大时，不能起到良好的驱蚊、杀蚊作用；空间过小时，容易引起不适反应。

（3）合理摆放。电热液体蚊香的放置应尽量远离易燃品，如纸箱、木制家具和衣物等，同时，尽可能把电热液体蚊香放置在上风侧，这样挥发出来的有效成分能较好地扩散，驱蚊、杀蚊的效果更理想。

（4）保证安全使用。电热液体蚊香含有杀虫剂，尽管它的毒性很低，但也切忌用手直接触摸或将液体倾出污染衣物、食物等。在密闭、通风条件较差的室内使用时，要注意适时换气，减少吸收量。连续使用时间不宜超过8小时。

（六）使用电热液体蚊香注意事项

（1）避免受剧烈的冲击及跌落碰撞；以免损坏内部器件；避免直接触摸药液。

（2）通电后，切忌用手触摸电加热器的发热部件，以免烫伤。

（3）通电工作后，应远离火源和热源；勿靠近对热敏感的物件，如纸及布料；不可淋湿。

（4）通电使用中不可再拉出或卷绕电源线，也不可折叠、吊挂或用钉子固定电源线。

（5）老年人、病人和过敏体质者宜采用蚊帐或物理方法防蚊。

（七）储存注意事项

（1）长时间存放前，应用软布或纸巾轻轻擦净表面灰尘及污斑，切不可用水、洗涤剂、清洁剂及汽油擦洗。

（2）存放地点应干燥、通风，避免热源及阳光直射。

（3）使用或存放时注意不要让婴幼儿触及。

五、安全选用蚊香

（一）什么是蚊香

蚊香通常指传统盘式蚊香，由驱蚊药剂和蚊香坯体组成。蚊香坯体主要由各类碳粉组成的供热剂和淀粉、变性淀粉组成的黏性材料制成，其形状是利用阿基米德螺旋线和中国道教阴阳八卦的太极图组合成形。点燃后驱（灭）蚊药剂以气态形式通过蚊虫的气门进入体内，或以烟尘微粒黏附于蚊虫体表，起到驱（灭）蚊虫的作用，以达到防止蚊虫骚扰人类或预防蚊传疾病的目的。

（二）蚊香的历史

1888年，日本人上山英一郎研制出除虫菊棒状蚊香，能持续燃烧一个小时。之后，上山英一郎为了延长燃烧时间，利用阿基米德螺旋线和中国的太极图原理，摸索出两条粗蚊香卷成漩涡状的制造方法，也就是目前仍在使用的盘式蚊香。我国盘式蚊香是谢宗求先生于1905年首先引进，并在其创建的厦门馥香堂制香厂（后更名为厦门蚊香厂）生产，其"卧人牌"蚊香深受消费者欢迎，畅销亚洲、非洲和拉丁美洲 50 多个国家。目前，我国蚊香工业已遍及福建、湖南、广东、上海、浙江、安徽等 18 个省（自治区、直辖市），有 300 多家企业，已登记 600 多个蚊香产品，年产 4 000 多万箱，出口约 600 万箱。

（三）蚊香的种类

蚊香有绿蚊香和黑蚊香。蚊香最初以木粉、榆皮粉等植物炭粉作为主要原料，制作蚊香坯体时还通常加绿、红染料着色，因此称为绿蚊香或红蚊香，以绿色多见。绿蚊香燃烧过程中烟量大、污染重，正逐渐被淘汰。将木炭粉或（和）竹炭粉等应用于蚊香坯体生产，因生产出的蚊香颜色为黑色，称为黑蚊香。目前已成为市场上的主要产品。

（四）蚊香的组成

盘式蚊香主要由供热剂、黏合剂、促燃剂（阻燃剂）和药剂有效成分等组成。蚊香主要有效成分有四氟甲醚菊酯、氯氟醚菊酯等。

（五）科学选购蚊香

（1）到正规的商店、超市购买。

（2）按照卫生杀虫剂一般选购原则选购，即看包装、看"三证"、看有效成分和看生产日期。

（六）正确使用蚊香

（1）规范操作。用手指轻推蚊香中心的两端将蚊香分开，将蚊香点燃后放在支架上。如果蚊香被折断可夹在香架槽内使用。

（2）保证有效空间。蚊香都有一定的有效驱蚊空间和有效使用时间，当空间过大或使用时间过长时则会影响驱杀蚊虫的效果。应将蚊香置于上风处，利于蚊香挥发出的药物在室内扩散并维持所需的浓度，以达到较好的驱杀蚊虫效果。

（3）安全使用。尽管蚊香中的有效成分毒性很低，对人畜较安全，但切忌用手直接触摸蚊香。在狭小且密闭、通风条件较差的室内使用时，应注意适时换气。

（4）合理摆放。蚊香的放置应远离易燃品，如纸箱、木制家具和衣物等，防止引发火灾。同时，也不要将它放置在角落或窗帘下使用，这样不但会降低杀虫效果，而且也易引起火灾。

（七）使用蚊香注意事项

（1）使用时注意防火，远离易燃易爆物品。

（2）使用剩余的蚊香不要随意丢弃。

（3）老年人、病人和过敏体质者宜采用蚊帐或物理方法防蚊。

（4）使用或存放时注意不要让婴幼儿触及。

我国农药的现状与趋势

信洪波　肖斌　牛建群

一、农药管理

2017 年 6 月 1 日《农药管理条例》颁布实施，为我国保障农产品质量安全，推动建设资源节约、环境友好现代农业，提供了坚实有力的法律依据，也标志着我国农药管理工作和农药行业进入新的发展阶段。《农药管理条例》规定将原来由多部门负责的农药管理职责统一划归农业农村部门，设立了农药登记、新农药登记试验、农药登记试验单位认证、农药生产许可和农药经营许可等许可制度，理顺了管理体制，明确了职能分工，有效地提高了政府指导产业发展的行政效率，减轻农药企业的运营负担，构建起农药产业从生产到销售、使用的全产业链管理格局,有利于培育和发展统一、开放、竞争、有序的农药市场体系。同时,《农药管理条例》还明确了农药生产者、经营者和使用者的主体责任,加大了违法处罚力度,有利于从源头上防范农药残留风险,保障农产品质量安全,确保老百姓"舌尖上的安全"。

二、生产企业

我国农药生产企业数量众多,当前既有持有省级农业农村主管部门核发的农药生产许可证的农药企业,还有持有工信部核发的有效期内的生产批准证书的农药企业。截至2019年年底,共有2 129家农药企业持有省级农业农村部门颁发的农药生产许可证。

(一)企业数量略有下降

《农药管理条例》及配套规章出台后,部分小型企业受登记试验项目费用激增,产品老旧、结构不合理等方面影响,主动放弃农药生产资质,不再从事农药生产,目前山东已有多家小型农药企业被兼并。《农药管理条例》的实施促使小型农药企业逐步退出农药市场,逐步推进农药行业转型升级。

(二)生产行为更加规范

《农药管理条例》设立了农药生产许可制度,设置了统一的资质条件,有利于严把市场准入关,明确农药生产企业对所生产农药的安全性和有效性负责,促使企业严格按照产品质量标准进行生产。实行产品可追溯电子信息码管理，做到生产全过程可查、质量可控，农药可追溯体系正在逐步完成。

（三）委托加工问题

《农药管理条例》允许制剂的委托加工，一方面有效地避免了企业重复投资、重复建厂的问题，又促使企业资金转投到产品研发，更新换代上。既减轻了企业成本，又促进了资源共享，让符合条件的企业之间在制剂加工上加强合作，降低生产成本、运输成本，促使专业化、集约化发展，促进行业由大变强。

三、农药登记

截至 2018 年年底，我国登记的农药成分有 681 个，杀虫剂、杀菌剂、除草剂各占 30% 左右，植物生长调节剂及其他约占 10%。共有有效的农药登记证 41 514 个，原药 4 834 个（11.6%），制剂 36 680 个（88.4%），其中杀虫剂 18 314 个，除草剂 11 026 个，杀菌剂 10 676 个，植物生长调节剂 1 092 个，其他 406 个。我国农药登记品种丰富、剂型多样，具有以下特点。

（一）同质化严重

一旦某个产品专利到期或技术突破，企业一窝蜂登记，例如，五氟磺草胺化合物专利到期后，国内登记短时间内达到 200 次以上。据不完全统计，单品登记超过 1 000 次的产品 5 个，超过 500 次的 20 个。

（二）剂型集中

乳油登记数量占制剂总量的 31％，可湿性粉剂占制剂总量的 21.7％，悬浮剂、水剂、水分散粒剂、水乳剂、微乳剂、可溶粉剂、颗粒剂和可分散油悬浮剂占制剂总量的 34.3％。

（三）老产品多

现处于有效期的农药登记证中大部分有效成分已超过 15 年，甚至部分产品已登记 20 年以上，新有效成分登记数量较少。

（四）登记作物集中

一方面产品主要集中在大田作物及种植面积大的经济作物上，水稻、棉花、小麦、柑橘、苹果、玉米、甘蓝、油菜和黄瓜等 10 种作物登记占大多数，另一方面种植面积较小的经济作物、特色作物和中草药上可用农药少之又少，甚至部分作物无药可用。

四、农药生产

我国有近 500 家农药原药生产企业，具有 600 多个原药品种的生产能力，常年生产 300 多个原药品种。据国家统计局统计，2018 年化学农药原药年产量达 208 万吨（折百重），已经成为世界农药生产第一大国。2017 年农药行业 20 大企业产量销售额 849.97 亿元，其中湖北沙隆达股份有限公司以 220.34 亿元销售额位居榜首，成为国内首家销售额过百亿的企业，北京颖泰嘉和

生物科技股份有限公司和山东潍坊润丰化工股份有限公司分别以
60.83 亿元和 51.74 亿元位列第二、三位，销售额超过 10 亿元
的企业达到 50 个。但国内农药企业依然存在数量多、规模小、
水平低和行业集中度不高等问题。2017 年全球农药销售额达
615.30 亿美元，其中前三位的农药企业分别为先正达（Syngen-
ta）92.44 亿美元、拜耳作物科学（Bayer Crop Science）87.13
亿美元、巴斯夫欧洲公司（BASF）67.04 亿美元。总体来看我
国农药企业依然存在大而不强等问题。

近年来，农药产量逐年递减，据统计，2017 年全国累计生
产农药 294.1 万吨，同比下降 8.7%。其中，除草剂作为最大类
的农药品类，领跌了产量走势，为 114.8 万吨，同比下降
19.5%。杀虫剂产量为 59.7 万吨，同比增长 10.5%，占农药总
产量的 20.3%。杀菌剂产量为 17.0 万吨，同比增长 14.6%，占
农药总产量的 5.8%。

五、新品开发

新产品研发环节薄弱是我国农药产业的一大突出问题，国内
企业生产的产品多为跨国公司专利过期的仿制产品，缺乏自主知
识产权的创制产品，由我国农药企业自主研发的有效成分少之又
少，本国创制的品种数量不足 10%，且结构创新、母体创新不
多，多是对已有产品进行基团改造。

制剂创新主要体现在三方面。

（1）新剂型，减少或不用有机溶剂，以水为基质或固体的高
效新剂型，如水乳剂、微乳剂、水悬剂、干流动剂、微胶囊剂及

高效种衣剂等。

（2）混配制剂，将不同作用机理，不同防治范围，不同作用方式的有效成分，科学搭配，加工成复配制剂，能极大提高药效、降低毒性、延缓抗性和降低防治成本。

（3）新的用途和使用方法，试验并扩大农药在新作物、新防治对象及新使用方法上的登记，挖掘老产品潜力，扩大农药应用范围。

六、进出口

中国是世界上生产农药数量最多的国家。不仅可以满足本国农药使用需要，而且农药总产量的 50％可供出口，所以中国也是名副其实的农药出口大国，农药出口到全球 180 多个国家和地区。

受国家农药化肥零增长政策的影响，2017 年我国共进口农药 8.3 万吨，同比下降 1.3％，进口金额 6.80 亿美元，同比增长 1.1％。其中，杀虫剂进口量为 1.0 万吨，同比下降 14.0％，进口金额 1.30 亿美元，同比下降 14.0％；杀菌剂进口量为 2.8 万吨，同比增长 13.9％，进口金额 2.75 亿美元，同比增长 8.9％；除草剂进口量 2.2 万吨，同比增长 3.9％，进口金额 1.29 亿美元，同比下降 4.0％。

2017 年，中国共出口农药 163.2 万吨，同比增长 16.5％，出口金额 47.65 亿美元，同比增加 28.2％。其中，杀虫剂出口量为 31.6 万吨，同比增长 15.6％，出口金额 11.68 亿美元，同比增长 22.6％；杀菌剂出口量为 11.5 万吨，同比增长 7.3％，出口金额 6.08 亿美元，同比增加 14.6%；除草剂出口量为 113.5 万吨，同比增加 17.6%，出口金额为 28.40 亿美元，同比增加 34.7%。

七、农药使用

我国农药使用者的主体主要由三部分构成。

（1）个体农户。大约 2.5 亿户，这部分人群的特点是中老年为主，体力普遍较差，文化水平较低，对农药的性能和科学用药知识了解和掌握较少。

（2）种植大户。大约 100 多万户，耕种面积 2 亿亩左右，这部分人群的特点是有一定的文化水平，对农药的性能和科学用药知识有一定的了解，但是仍较差。

（3）专业化防治组织。大约有 10 万个，这部分人群的特点是文化水平较高，了解农药的性能和科学用药知识，科学用药水平高。

从 2015 年开始，农业部组织开展"到 2020 年农药使用量零增长行动"，加快推进农药减量增效。目前，农药使用量已连续三年实现负增长，2017 年农药利用率达到 38.8%，比 2015 年提高 2.2 个百分点，相当于减少农药使用量 3 万吨（实物量）。通过大力推进绿色防控、病虫统防统治等，全国农药使用总量得以下降。2017 年全国主要农作物绿色防控实施面积超过 5.5 亿亩，绿色防控覆盖率达 27.2%。

浅谈农药企业创制新化合物和新产品

杨理健　李长杰

现在，中国农业生产对农药的依赖已经是必然，就像人们得病需要西药一样。然而，农业生产上急需土壤消毒、地下害虫防治、烟剂、种衣剂、仓储用药、保鲜用药、苹果套袋用药和突发病虫害防治的低毒、低残留、高效、环境友好的新型农药化合物。但是，农药创制新产品是中国的弱势，中国农药企业多而小，忙于追逐国外专利保护过期农药产品的生产，没有能力去研发自己的新化合物、新产品，结果农药研发技术总是落在其他国家的后面。一个新的创新化合物，需要花费近 3 亿美元，中国很少有一个单位能够拿出这个巨资来搞研发。据报道，2014 年，世界上 11 家大型农药公司农药研发总支出为 26.25 亿美元，相当于这些公司农药销售总额的 5.4%。2010—2014 年，发现、开发和登记 1 个农药有效成分的平均研发成本增加了 3 000 万美元，或者说增长了 11.7%，达 2.86 亿美元。而 2005—2008 年，农药研发的平均成本为 2.56 亿美元，但是较 2000 年增长了 39%。目前，德国拜耳作物科学每年用于研发的资金投入超过 10 亿欧元，全球范围内共有大约 4 800 位科学家参与新产品的研发工作，公司计划在未来的 2～3 年内上市至少 7 种新的农药产品，包括 4 种除草剂、1 种杀虫剂、1 种琥珀酸脱氢酶抑制剂（SDHI 类杀菌剂）和 1 种杀线虫剂。2015 年，巴斯夫欧洲公司就投入 5.14 亿欧元用于作物保护部门的研发。我国在农药创新方面还是有差距的，本身我们的农药企业发展历程短，缺乏资金投入，也缺乏有效组织与联合。同时，农药产品登记同质化严重，也阻碍了我国农药创新发展。

由山东先达农化股份有限公司、南开大学农药国家工程研究中心和华中师范大学化学学院组建的山东先达农化创新研究院成立。能像山东先达农化股份有限公司这样拿出钱做创新，这是中国农药人的追求。但是，只靠企业自己出资建立起农药研发组织的创新机制和团队，还是杯水车薪。我们的政府应该出面，解决农药管理体制问题，解决农药重复登记试验问题，解决企业小而弱的问题，解决研发新化合物资金不足的问题，解决农药生产与农业生产脱节问题，解决农药无证生产、无许可经营、随便使用等问题，只有这样，农药才能迎来又一个春天。

当前我国的自主创制新产品还很少，要实现我国农药未来的发展，命运必须掌握在自己手里。国外农药企业的产品在我国销售量每年以增长 20% 的速度递增，而他们的新产品不断问世，给农药行业这"寂静的春天"不断注入新的活力。中国人的"米袋子"要装自己产的粮食,中国生产的农产品也应该使用自己创制的安全放心高效的农药,如果农药的生产、销售被外国公司大量控制,一旦遇到战争,隐患就会显露,可能危及农产品生产安全。

国外农药企业来势凶猛,我国是生产、使用、出口农药的大国,如何应对?农药生产企业,不要为了眼前的苟且,还需要诗和远方。我们的政府,真的应该重视农药新产品研发。农药是有毒的药品,是农业生产离不开的药品。把农药企业组织起来,动员科研、教育单位与农药企业联合,想办法集中加大科研资金投入,企业可把节省的重复登记试验资金用于研发,挑起农药新化合物研发的重任,满足农业生产对农药的需求。

建立农产品可追溯体系，
确保"舌尖上的安全"

杨理健　董秀霞

　　农产品质量安全是生产出来的，也是管理出来的。追溯体系是提升农产品质量安全水平的有效手段。加强追溯管理对规范农产品生产行为和提升农产品质量安全水平，有积极的促进作用。农业农村部为了构建全国统一的农产品质量安全追溯体系，积极推动农产品质量安全追溯管理。首先，完善国家农产品质量安全追溯平台，形成全国一盘棋的传输、调度和数据处理中心。该平台已正式上线运行，成为政府智慧监管和公众信息查询的云平台。其次，加快构建追溯制度机制，制定农产品质量安全追溯管理办法和相关技术规范，统一追溯参与方的行为。再次，开展追溯试点，优先将生猪和绿色、有机、地理标志农产品纳入追溯范围，以规模化农产品生产企业、合作社、家庭农场为重点，通过试点，以点带面，普及农产品追溯管理，让生产行为可追溯，让消费选择可识别。最后，2017 年 9 月 5 日，农业部发布了《农药二维码管理规定》，这是农业第一个产品强制实行二维码标注的规定。《农药二维码管理规定》要求"农药标签二维码码制采用 QR 码或 DM 码""二维码内容由追溯网址、单元识别代码等组成""通过扫描二维码应当能够识别显示农药名称、登记证持有人名称等信息""标签二维码应具有唯一性，一个标签二维码对应唯一一个销售包装单位""确保通过追溯网址可查询该产品的生产批次、质量检验等信息。追溯查询网页应当具有较强的兼容性，可在 PC 端和手机端浏览""2018 年 1 月 1 日起，农药生产企业、向中国出口农药的企业生产的农药产品，其标签上应当标注符合本公告规定的二维码"。每一瓶农药产品都有身份证，不管在哪里出了问题，都可以查询到生产源头。农药产品二维码的强制实施，为引导行业和企业向更好的方向和轨道上前进，保证产品质量溯源可控、防止窜货和假货，打击假冒产品生产起了决定性的作用。另外，我国还在一些规模化的农垦产品、生猪检疫标识等方面进行一些探索。

一、可追溯制度是保障"舌尖上"安全的需要

按照中央机构编制委员会对农业农村部、国家食品药品监管总局的职能分工，农业农村部门负责食用农产品从种植、养殖环节到进入批发、零售市场或生产加工企业前的质量安全监督管理，负责兽药、饲料、饲料添加剂和职责范围内的农药、肥料等

其他农业投入品质量及使用的监督管理。食用农产品进入批发、零售市场或生产加工企业后，按食品由食品药品监督管理部门监督管理。农业农村部门负责畜禽屠宰环节和生鲜乳收购环节质量安全监督管理。两部门建立食品安全追溯机制，加强协调配合和工作衔接，形成监管合力。这里重点是，农业农村部门负责农产品批发、零售市场或生产加工企业前和农药、肥料等其他农业投入品质量及使用的监督管理，食品药品监督管理部门负责进入批发、零售市场或生产加工企业后的监督管理。那么，可追溯监管应该分三部分。一是农药、肥料投入品的可追溯，由于肥料管理目前还没有法规，不能实行追溯管理，只能实行农药可追溯管理。二是农产品的可追溯。进入批发、零售市场或生产加工企业以前的农产品，由农业农村部门按照农产品监管，实现初级食用农产品的可追溯。三是食品的可追溯。进入批发、零售市场或生产加工企业之后的，由食品药品监督管理部门按照食品进行监管。这里关键是需要"两码""两证"（农业农村部门负责的农药可识别信息码、农产品可识别信息码；农业农村部门、食品药品监督管理部门分别负责的产地准出证、市场准入证）的有效衔接，做到全程、全生命周期无缝隙监管。

二、建立可追溯体系是确保农产品质量安全的基础

农产品、食品可追溯是"从农田到餐桌"全程可追溯的信息化系统实施措施，根据一物一码原则，并利用云计算、物联网技术和密码技术等研发而成的农产品质量安全信息发布和查询平台。消费者可以通过智能手机扫描二维码的方式，准确了解农产

品原产地、生产、检测、物流和销售等全过程信息，实现生产记录可存储、产品流向可追踪、贮运信息可查询，将农产品从生产到加工直至销售等全过程连接起来，逐步形成产销加一体化的农产品质量安全追溯信息体系，加之实施农产品批发市场产地准出、市场准入索证和索票和台账管理等，逐步实现规范化、制度化、透明化。早在 2007 年中央 1 号文件就提出："加快完善农产品质量安全标准体系，建立农产品质量可追溯制度。"以后相继出台了《食品法》《农产品质量安全法》《农药管理条例》，但是从目前总体来看，农产品可追溯体系建设还在起步阶段，在推进过程中必须解决一些问题。一是鲜活农产品的生产、经销、批发的参与主体主要是农民，组织化程度低，难以实行严格的行业管理。二是准出无力控制，准入不能严格把关，农产品生产与流通管理的规则和能力建设基础薄弱。三是信息化建设在农产品生产、经营和批发等方面发展水平低，实现农产品质量安全追溯的技术基础薄弱。四是法律法规体系尚未完善，严重制约了农产品安全追溯制度的建立和完善。

三、率先对农药实行可追溯监管

农药是有毒的药品，是农产品质量安全事故发生的主要原因之一。新修订的《农药管理条例》规定"农药生产企业应当建立原材料进货记录制度、农药出厂销售记录，应当保存 2 年以上。农药经营者应当建立采购、销售台账，应当保存 2 年以上。农产品生产企业、食品和食用农产品仓储企业、专业化病虫害防治服务组织和从事农产品生产的农民专业合作社等应当建立农药使用记录，应当保存 2 年以上。国家鼓励其他农药使用者建立农药使用记录。县级以上地方人民政府农业主管部门应当建立农药生产、经营诚信档案并予以公布；发现违法生产、经营农药的行为涉嫌犯罪的，应当依法移送公安机关查处。农药标签应当以中文标注农药可追溯电子信息码等内容"。也就是说，农药了追溯有法规依据，强制执行，可先行一步，从农药生产的进货到使用，都有可追溯的记录；每一瓶农药都有农业农村部统一印制的可识别的二维码或条形码"身份证"，做到从原材料进货，农药生产、试验、登记、经营、使用和废弃物回收等都实现全生命周期可追溯，确保农药质量和使用安全。

四、建立农产品质量安全可追溯系统

农产品质量追溯体系建设是通过运用计算机、数字化物流管理等技术，对农产品从生产源头到消费市场实施精细化管理，全程记录下种植养殖户在生产、加工和流通各个环节的质量安全信息，使农产品质量有了较强的可追溯性。农业农村部门要把好农产品生产质量和准出证的关口。

（1）要积极推行农业标准化生产，生产控制是农产品质量安全的基石，严格按照"三品一标"标准生产优质农产品，发挥科技人员的作用，加快先进实用技术和科技成果推广应用，培育职业农民，发展家庭农场，提高农产品质量安全水平，提升农产品竞争能力。发挥县乡两级监管服务部门作用，督促规模生产经营主体落实生产记录、休药期制度等。大力发展省级农业标准化生产基地，提高标准实施率，省级基地要落实"有生产规程、有生产档案、有产品品牌、有检测能力、有包装标识、有龙头依托、有管理责任人、有技术负责人、有质量安全追溯、有产地证明，统一供种（苗）、统一供肥、统一病虫害防治、统一产品认证、统一质量检测"的"十有五统"要求，确保全部实施按标生产，切实推进山东省农业标准化进程。

（2）全面推行农产品质量抽检制，建立集中产区质量监测点，由县级农产品质量检测中心负责对采收上市前的农产品进行全程跟踪检测，推行上市前统一进行抽检，抽检合格后允许上市。

（3）发挥社会力量，建设农产品生产、经营单位的可追溯系统。农业农村部门要按照职责分工，加快建立食用农产品质量安全追溯体系，率先在"菜篮子"产品主产区推动农业产业化龙头企业、出口和进超市的基地开展质量追溯试点，逐步扩大到专业合作社，最后实现农户全覆盖。优先将生猪和"三品一标"食用农产品纳入追溯试点范围，推动食用农产品从生产到进入批发、零售市场或生产加工企业前的环节可追溯。逐步扩大追溯点和追溯平台的应用范围和规模。

（4）联网。2017年将各级监管体系、农业综合执法体系、检验检测体系、农业标准体系信息和韭菜等部分重点农产品纳入监管追溯平台，将所有农药经营店纳入监管范围，实现农药经营使用可追溯。2018年将"三品一标"产品，韭菜、芹菜、葱、姜、蒜、菠菜等重点蔬菜产品全部纳入监管范围。到2020年，全省涉农县（市、区）所有投入品经营门店，产业化龙头企业生产基地、农民专业合作社生产基地等均纳入监管追溯范围，实现全部投入品和主要农产品可追溯。

（5）建设全省联网的主要农产品的监管追溯平台。到2018

年，建立健全省级、17 个市级和 132 个县级农产品质量安全监管追溯平台，实现省、市、县三级平台对接、互动、共享。到 2020 年，全省涉农县（市、区）所有农业投入品经营门店、产业化龙头企业生产基地、农民专业合作社生产基地等均纳入监管追溯范围，实现全部农业投入品和主要农产品可追溯，做到进入市场的鲜食农产品全面标注可追溯的二维码，消费者可以随时查询。

(6) 做好农产品的品牌宣传，做到农产品优质优价，让消费者放心购买有可追溯二维码的农产品。到 2020 年，建成覆盖全省、对接顺畅、运行高效和互通共享的农产品监管追溯体系。

五、开展产地准出、市场准入诚信管理

督促农产品生产企业、农民专业合作经济组织及其成员建立农产品质量安全检测制度，在产品采收上市前，进行农产品质量安全自律检测或委托农产品质量安全检测机构检测。检测合格的，由生产企业或合作经济组织出具合格证明和产地证明。其他生产者种植的产品，由县级农业行政主管部门指定的机构或委托乡（镇）政府、村委会出具产地证明。规范包装标识，按照农业农村部《农产品包装和标识管理办法》规定，进一步规范包装标识。包装的农产品标注或者附加标识，标明产品名称、产地编码、生产日期、保质期、生产者和产品认证登记情况等信息。未包装的农产品，采取附加标签、标识牌、标识带和说明书等形式标明农产品名称、产地、生产者或者销售者名称等内容。大力推行二维码标识，率先在农产品质量安全县推行二维码标识管理。山东省安丘市是农产品出口、外销大市，生姜出口量大面广，名

声在外。他们抓住被确定为全国食用农产品合格证管理试点县机遇，坚持全区域覆盖、全品种检测、二维码追溯，全面推行食用农产品产地准出合格证制度，为产出入市的农产品贴上质量安全"身份证"。2016 年，对姜、葱等 18 种种植类原产地食用农产品（其中，包括蒜、圆葱等 12 种种植类初加工食用农产品）以及生猪、肉牛、肉羊、肉鸡、肉鸭等 5 种养殖类及屠宰类食用农产品率先实施产地准出管理。对农产品逐地块、逐户、逐品种建档立卡，分类建立台账，信息全部上传到市级农产品质量安全监管平台，做到镇不漏村、村不漏户、户不漏地块、地块不漏品种。投资 3 000 多万元，建立市级食品农产品检验检测中心，配齐检测设备、二维码打印设备，全市专职检测人员达到 460 多名，保证检测能力与产地准出需求相匹配。坚持"你送我检、政府买单"，对进入市场的每一单农产品进行抽检。这些措施取得了明显效果，全市检测的所有食用农产品质量合格率达到 100%；累计向北京、上海等国内大中城市供应优质农产品 80 多万吨，同比增长 10.2%，网上销售农产品 10.6 亿元，增长 16.5%；农产品出口创汇 23.4 亿元，增长 6.7%；实现了全程追溯，消费者通过扫描二维码，可以准确获取食用农产品的产地、生产者名称、施肥用药、收获时间和检测结果等信息，实现了从生产到餐桌的全过程可追溯。

六、农业农村部门与市场监督管理部门要做到分工协作及密切配合

（1）市场监督管理部门要在有序推进食品安全追溯体系建

设的同时，积极配合农业农村部门推进食用农产品质量安全追溯体系的建设，并通过监督食用农产品经营者建立并严格落实进货查验和查验记录制度，做好与农业农村部门建设的食用农产品质量安全追溯体系的有机衔接，逐步实现食用农产品生产、收购、销售和消费全链条可追溯。分管好农产品加工、销售、批发前与加工、销售、批发后的中间地带，农业农村部门与市场监督管理部门的分工要做到无缝隙衔接，不要留下真空地带（农村集贸市场、储藏保鲜仓库）和都不管的领域。

（2）做好农业农村部门颁发的农产品准出证与市场监督管理部门颁发的食品准入证的有机结合，提升准出、准入证的信誉度，严格程序。农业农村部门、食品药品监督管理部门要按照分工范围，保证抽检，对弄虚作假的企业进行严厉处罚。推行没有准出证的农产品不得进入市场的倒逼机制，严把农产品产地准出和市场准入关。

（3）加强法律法规体系建设，积极推进农产品、食品安全追溯制度建设的试点和项目推进工作，通过不断实践，完善追溯制度，并作为创建农产品、食品安全省、市、县的必须具备条件。

（4）研究利用追溯制度，建立新的贸易壁垒，以便在农产品进出口贸易中处于主动地位，促进"一带一路"的发展。

（5）针对农产品、食品复杂的供应链，必须建立从农药投入、农产品生产、储藏保鲜、运输、销售和加工全过程的可追溯制度，制定统一处罚制度。比如在市场抽查的食品有严重问题，对超市、加工、种植，甚至农药生产、使用者进行排查，追根求源，找到问题的源头；通过查阅田间或养殖场管理日志、台账、检测报告等分析原因，对于违规事实，由相关部门经调查核实后，分清责任，依法处置相关责任人；对违规经营的经销商、营业网点及农药生产厂家、使用者，视其情节严重程度，处以警告、罚款、吊销经销资格等处分，情节特别严重的，移交司法部门处置。只有这样才能杜绝再次发生事故，确保人们"舌尖上"的安全。

（6）加强宣传引导。加强对农产品可追溯信息化的宣传，做到家喻户晓。目前手机很普遍，当人们把购买农产品扫描查看质量当成习惯，没有可追溯编码的农产品就再也无人问津，不敢购买，农产品质量安全就有了保障；编辑系列科普文章，引导人们购买优质农产品；对媒体报道的虚假事件及时组织专家进行辟谣，打消群众顾虑，以正压邪，维护农民的合法权益，保障产业正常发展，使消费者放心；发动公众参与到农产品质量安全监督中来，利用好12316农产品质量安全举报电话热线，形成农产品、食品安全人人有责，人人参与的良好社会氛围。

七、广泛应用大数据分析研究，建立农产品质量安全追溯服务系统

将广泛收集的信息资料，进行大数据运算，指导农业生产，追溯产品流程，确保农产品质量。

（1）实时采集影响农作物生长和病虫害消长的关键因子数据，网络传递到检测室，经过化验分析，取得第一手数据资料，为指导农业生产，规划布局和病虫害防治提供科学依据。

（2）通过农产品质量安全平台，直接为农民提供政策、市场、科技和保险等生产生活信息服务，为监管单位提供监督抽

查、执法信息，做到信息共享。

（3）做好大数据分析利用，构建农产品质量安全追溯公共服务系统。建立追溯体系，农药和农产品通过扫描产品二维码，得到有关生产、经营、使用等信息，进行分析运算，得出结果，及时对产品质量进行研判，实现农产品"从农田到餐桌"全过程可追溯，农药从生产到废弃物回收全生命周期有监控，保障"舌尖上"的安全。

（4）充分运用大数据思维，形成"用数据说话、用数据管理、用数据决策、用数据创新"的氛围，实现"人在干、数在转、云在算"，做好农产品投入市场风险预测预报，减少市场中农产品质量风险隐患，及时研判农产品中毒事故和农药、兽药药害，并进行有效处理，为农民带来实实在在的好处，为农产品质量安全提供保障。

农药经营者进货时应该查验什么？

于辉　王海燕　赵富豪

农药经营者对其采购农药产品的查验，是遏制非法产品进入市场的有效措施，也是保护农药经营者自身合法权益的重要措施。新修订的《农药管理条例》，强化了农药经营者的查验义务和责任，从进货源头保障农药产品质量和标识规范。

一、农药经营者查验制度的概念及其意义

农药经营者查验制度，是指农药经营者根据《农药管理条例》和同农药生产企业或其他农药经营者之间订立的合同约定，对采购的产品包装、标签、产品质量检验合格证以及有关许可证

明文件等予以检查验收的制度。广义的查验还包括对农药生产企业是否取得农药生产许可证，其他农药经营者是否取得农药经营许可证的检查验收。

《农药管理条例》第二十六条规定"农药经营者采购农药应当查验产品包装、标签、产品质量检验合格证以及有关许可证明文件，不得向未取得农药生产许可证的农药生产企业或者未取得农药经营许可证的其他农药经营者采购农药"。第二十八条规定"农药经营者不得加工、分装农药，不得在农药中添加任何物质，不得采购、销售包装和标签不符合规定，未附具产品质量检验合格证，未取得有关许可证明文件的农药"。第五十七条规定"农药经营者采购、销售未附具产品质量检验合格证或者包装、标签不符合规定的农药，由县级以上地方人民政府农业主管部门责令改正，没收违法所得和违法经营的农药，并处 5 000 元以上 5 万元以下罚款；拒不改正或者情节严重的，由发证机关吊销农药经营许可证"。

农药经营者查验制度，是《农药管理条例》对农药经营者规定的一项重要的法律义务。同时也是遏制非法产品进入市场的一项有效措施。其目的是为了对农药经营者采购和销售的货源进行把关，保证农药经营者所经营产品的质量。执行进货检查验收制度，不仅是保证产品质量的一个措施，也是保护农药经营者自身合法权益的一个措施。农药经营者对所采购的农药检查验收，发现产品质量或者包装、标签等存在问题时，可以提出异议，经进一步证实所购产品不符合条例规定的，可以拒绝采购进货。如果农药经营者不认真执行进货查验制度，采购不符合《农药管理条例》规定的产品，则产品经营风险随即转移到农药经营者这一方。

二、农药经营者查验制度的具体内容（农药经营者在进货时查验什么）

《农药管理条例》第二十六条规定了农药经营者采购农药产品时需查验的基本内容。结合我国农药市场实际情况，《农药管理条例》第二十八条进一步明确农药经营者不得采购、销售包装和标签不符合规定的农药。《农药管理条例》第五十七条作为法律责任条款，明确了农药经营者采购、销售包装、标签不符合规定的农药所面临的处罚。

（一）进货方的合法性查验

农药经营者在进货时首先应当查验进货方的合法性，查验农药生产企业是否取得农药生产许可证，其他农药经营者是否取得农药经营许可证。《农药管理条例》第二十六条规定了不得向未取得农药生产许可证的农药生产企业或者未取得农药经营许可证的其他农药经营者采购农药。这实际上是建立了相对封闭运行的农药经营机制，防止和避免了不具备条件的经营主体非法经营农药。

（二）产品包装的合规性查验

农药经营者所购农药产品的产品包装，应当符合《农药包装通则》（GB 3796—2006）和其他国家强制性规定，不符合规定的不得采购。例如根据农业部第 2445 号公告，自 2016 年 9 月 7 日起，生产磷化铝农药产品应当采用内外双层包装。外包装应具有良好密闭性，防水防潮防气体外泄。内包装应具有通透性，便于直接熏蒸使用。内、外包装均应标注高毒标识及"人畜居住场所禁止使用"等注意事项。自 2018 年 10 月 1 日起，禁止销售、使用其他包装的磷化铝产品。

（三）产品标签的合规性查验

采购农药产品，应当检查产品有无标签，并核对农药产品标签与农药登记核准标签是否一致。不得采购未附具标签或标签不符合《农药标签和说明书管理办法》规定的产品。例如根据农业部第 2289 号公告，自 2015 年 10 月 1 日起，将溴甲烷、氯化苦的登记使用范围和施用方法变更为土壤熏蒸，撤销除土壤熏蒸外的其他登记。溴甲烷、氯化苦应在专业技术人员指导下使用。凡是在标签上未注明登记使用范围，施用方法未限于土壤熏蒸的溴甲烷、氯化苦产品均不得采购。

（四）产品质量检验合格证的查验

农药经营者采购农药，应当验明农药产品质量检验合格证。《农药管理条例》第二十一条规定"农药生产企业应当严格按照产品质量标准进行生产，确保农药产品与登记农药一致。农药出厂销售，应当经质量检验合格并附具产品质量检验合格证"。产品质量检验合格证是农药生产企业出具的用于证明出厂产品的质量经过检验、符合要求，附于产品或者产品包装上的合格证书、合格标签或者合格印章。农药经营者在对采购产品进行检验时，应当查验产品的质量检验合格证，没有质量检验合格证的不得采购。

（五）有关许可证明文件的查验

农药经营者采购农药前，还应查验有关许可证明文件。查验产品标签上标注的农药登记证和农药生产许可证，是否与发证机关公布的相符。如果向农药生产企业采购农药产品时，供货人应当是该产品的农药登记证持有人或者是合法接受委托加工、分装加工的农药生产企业。

三、农药经营者如何查验标签

农药标签的设计及制作应符合《农药管理条例》和《农药标签和说明书管理办法》，农药标签不符合规定的情形主要有以下几个方面。

（一）擅自改变经核准的农药标签内容

（1）擅自变更农药登记证载明事项。《农药管理条例》第十三条第一款规定了农药登记证应载明农药名称、剂型、有效成分及其含量、毒性、使用范围、使用方法和剂量登记证持有人、登记证号以及有效期。《农药管理条例》第十三条第三款规定了农药登记证载明事项发生变化的，农药登记证持有人应当按照国务院农业主管部门的规定申请变更农药登记证。农药经营者应当对所购农药产品的农药登记证进行查验，将农药登记证号输入中国农药信息网的核准标签查询系统进行查验，凡是与农药登记证载明事项不一致的标签和说明书均不符合规定。

（2）限制使用农药的标签未标注或者未按《农药标签和说明书管理办法》规定格式要求标注"限制使用"字样，或者未注明使用的特别限制和特殊要求。

（3）委托加工或者分装农药的标签未注明受托人的农药生产许可证号、受托人名称及其联系方式和加工、分装日期。

（4）未清晰标注生产日期、质量保证期。质量保证期可以用有效日期或者失效日期表示。

（5）用于食用农产品的农药标签未标注安全间隔期。

（6）未标注可追溯电子信息码或者象形图。

（7）擅自改变产品毒性、注意事项和技术要求等其他与农药产品安全性、有效性有关的标注内容。

（二）农药标签中标注虚假、误导使用者的内容

（1）误导使用者扩大使用范围、加大用药剂量或者改变使用方法。

（2）卫生用农药标注适用于儿童、孕妇和过敏者等特殊人群的文字、符号、图形等。

（3）夸大效果、虚假宣传、贬低其他产品或者与其他产品相比较，容易给使用者造成误解或者混淆。

（4）利用任何单位或者个人的名义、形象作证明或者推荐。

（5）含有保证高产、增产、铲除、根除等断言或者保证含有速效等绝对化语言和表示。

（6）含有保险公司保险、无效退款等承诺性语言。

（7）其他虚假、误导使用者的内容。

（三）农药产品未附具标签

农药是一种特殊的有毒商品，《农药管理条例》第二十二条规定"农药包装应当符合国家有关规定，并印制或者贴有标签"。包装并印制或粘贴标签属于生产环节不可或缺的一部分，只有粘贴好标签并包装完好才可以附具产品质量检验合格证。附具产品质量检验合格证和粘贴产品标签，可以使生产者和经营者双方分清产品责任，防止双方在产品交付消费者使用后发生争议时，互相推诿，损害消费者的合法权益。

四、进货查验是产品管理通行的法律义务

作为产品质量管理的基本法律制度，药品、食品和食用农产品均要求建立进货查验制度。例如，《产品质量法》第三十三条规定"销售者应当建立并执行进货检查验收制度，验明产品合格证明和其他标识"。《药品管理法》第十七条规定"药品经营企业购进药品，必须建立并执行进货检查验收制度，验明药品合格证明和其他标识；不符合规定要求的，不得购进"。《食品安全法》第五十三条规定"食品经营者采购食品，应当查验供货者的许可证和食品出厂检验合格证或者其他合格证明"。《农药管理条例》依法确立农药经营者的查验义务，明确农药经营者查验义务的主体责任并对查验的基本内容作出规定，符合法律对产品质量管理的通行要求。农药经营者对标签的合法性查验是其法律义务之一。相对于食品，农药是具有一定危险性的特殊商品，我国农药市场上流通的产品标签情况复

杂多样，标签查验需要农药经营者具备专业的农药知识，与食品经营者相比，农药经营者没有法定的免责条款，经营风险较大。因此农药经营者要认真学习《农药管理条例》及其配套规章，掌握标签合规与否的判定方法，严格执行进货查验义务，运用法律保护自身合法权益，降低经营风险。

农药科普专家谈 ｜ 中篇

农药科普知识

人离不开医药　也离不开农药

迟归兵　张耀中　孙先跃　张明明

　　农药与医药，两者都是"药"，都是用来治害、医病的，只不过医药针对"人"，而农药则针对植物。人人都会生病，生病了就要吃药，这是常识，没有人对生病吃药感到过一丝的困惑，但是农业生产中使用农药，不少人却有着太多的不解和疑问。现在，让我们了解一下人为什么离不开农药。

一、人类的食物主要来自农业生产，农业生产中栽培的植物、菌类等会受到来自病虫草鼠等有害生物的干扰和侵袭

　　据日本植物保护协会的试验，病虫侵害可使作物减产达

53%，据国内有专家测算，连续 3 年不使用农药，农作物甚至颗粒无收。历史上，1845 年爱尔兰就由于马铃薯疫病大发生，使作为该国主粮的马铃薯几乎绝产，导致几十万人死亡，上百万人逃离家园，这就是非常有名的"爱尔兰饥馑"事件。据统计，在我国历史上记载的蝗灾大暴发次数有 500 多次，蝗灾大暴发时，蝗虫过后，庄稼绝产，引起饥荒，引发社会动荡，甚至农民起义。1956 年，我国北方麦区小麦条锈病大流行，减产达到 50 亿千克，而当时小麦的平均亩产才 50 多千克。因病虫害造成粮食减产的事例可以说是不胜枚举。来自全国农业技术推广服务中心的数据显示，近年来，小麦、玉米、水稻等三大主粮作物的病虫草害一直维持在较高水平，并且有加重趋势。粮食作物如此，果树、蔬菜等园艺作物减产损失则会更大。"世界需要粮食，农业需要农药，世界如果没有农药，有一半人会因饥饿而死。"农药专家、中国工程院院士钱旭红教授这样说。

二、众所周知，农药、种子、化肥构成了现代农业的三大顶梁柱

农药是用于预防、消灭或者控制危害农业、林业的病、虫、草和其他有害生物以及有目的地调节植物、昆虫生长的化学合成或者来源于生物、其他天然物质的一种物质或者几种物质的混合物及其制剂。现在使用的农药绝大多数是化学农药。使用农药是防治病虫草鼠害最有效、最经济的途径。据美国统计，由于使用农药，农作物产量明显提高，玉米可以增产 100%，马铃薯可以增产 200%，小麦的产量甚至可以数倍增长。现在，我国每年使

用农药防治的作物面积近 70 亿亩次，使用农药 30 多万吨，挽回的粮食损失在 30％以上。农业农村部每年都组织开展全国范围内的"虫口夺粮"植物保护行动，山东省农业农村部门也组织实施"一喷三防"、统防统治等工程。农药防治为山东粮食连续"十三连增"，总产实现 471.25 亿千克和产出品质好、数量足的瓜果菜作出了重大的贡献。

三、生产中农药一直在广泛地使用，我们也因它而粮食自足，菜篮子丰盛

但为什么农药常常是负面形象出现在公众前面呢?

（一）谣言兴风作浪，农药以"妖魔"形象示人，大众被迷惑

2015 年，某电视台报道，在北京市场上，从草莓中检出了乙草胺残留，引发社会广泛关注。乙草胺是典型的芽前除草剂，用作土壤处理。如果在草莓上使用了乙草胺，就会产生严重的药害，果农没有使用乙草胺的动机。从草莓中检出乙草胺是一件令人匪夷所思的事情，人们轻按键盘百度搜索就可以获得正确的答案，北京市相关部门也组织了大范围的草莓样品检测，均没有检出乙草胺。但是经过该中央级电视媒体"曝光"后，主产区的草莓价格大幅下跌，果农损失惨重。2016 年，一则无籽葡萄蘸了避孕药的消息又在微信朋友圈广为传播。殊不知，避孕药是动物激素，与植物生长调节剂分子结构不同，目前还没有科学证据表明动物激素对植物有调节作用。具有高中生物知识的人就能辨别真伪。可是，类似这样的"低级"谣言时不时就流传开来，往往

就跑在了真相的前面，我们身边很多的朋友、同事不知不觉地就成了不明真相的"吃瓜群众"，甚至有的时候也盲目转发类似的谣言，当了谣言的推手。

（二）认识有误区

人们对农药谣言往往抱着宁可信其有、不可信其无的态度，潜意识里认为农药必定是有害的。人们追求农产品质量安全没有错，但农产品质量安全不等于不施用农药。农业生产中不用农药，就如同让人们抛弃汽车回到马车时代一样不现实。中国农业大学教授高希武说："农药和人类治病吃的药本质上没有差异。"国家批准登记生产使用的农药，和人吃的药品审批程序相似，经过了严格科学的药效、产品化学、毒理、环境、残留等试验，各种指标符合法律要求和满足风险评估的要求后才能生产使用。

（三）现实中确实有不足的地方

由于我国各地区农业生产情况不同，地区之间病虫草害发生程度差异很大，农业生产总体规模化程度低，农药使用不规范、施用技术不高，存在着乱用药、滥用药的问题，甚至有些人可能置法律和农产品安全于不顾，为一己私利，违法生产使用禁用的剧毒、高毒农药。农产品中农药残留超标事件还时有发生。

四、与农药相比，人吃的药品毒性和副作用同样不可忽视，有时候还会引发药源性疾病

农药有毒，但医药同样是有毒的，只是由于医药用于治疗人

的疾病，人们主观认为医药是安全的。急性经口毒性的 LD_{50} 是急性毒性的指标，LD_{50} 小于 5 毫克/千克为剧毒，5～50 毫克/千克为高毒，50～500 毫克/千克为中等毒，500～5 000 毫克/千克为低毒，大于 5 000 毫克/千克为微毒。有些医药的急性经口毒性还高于现已禁用的农药。如甲胺磷的 LD_{50} 为 20 毫克/千克、甲基对硫磷的 LD_{50} 为 9～25 毫克/千克，以前曾作为驱蛔虫药的有机磷杀虫剂敌百虫，其毒性与阿司匹林相仿。而秋水仙碱的 LD_{50} 为 1.7 毫克/千克，常用的氯霉素、对乙酰氨基酚可能会引起再生障碍性贫血，治疗高血压用的辛伐他汀、洛伐他汀等会引发药源性肝脏疾病。抗生素的滥用导致了非常严重的后果。以大肠杆菌为例，十年前主要在医院里检出，而现在医院和社区大肠杆菌的检出率已经没有显著差异了；超级病菌 NDM－1 除了万古霉素等 3 种抗生素对其有效，其他的抗生素都失去了效力，这种病菌 2009 年首次在印度被发现，现在世界范围内都检出了。只不过，人用药品的毒副作用，往往受专业知识等因素限制，没有像农药这样引起大众的关注罢了。科学技术是把双刃剑。同样，现代工业文明创造生产出的工业产品，如医药、农药都有也具有两面性，科学、正确的做法是充分利用它们好的方面，把坏的方面影响降到最低。

五、看一看，政府在不断行动

农药是一种有毒的物质。毒性是农药本身所固有的，危害是使用农药时带来的各方面风险。国家从保障安全的角度出发，陆续禁用（停用）了 46 种毒性高、风险大的农药。目前，剧毒、高毒农药比例已经降至 2％以下，绝大多数的农药是低毒的。甚至有的发达国家仍在用的品种，如甲胺磷、百草枯等，我国已经禁止或停止生产使用了。

在风险管控方面，国家已经陆续开展了多种农药再评价评估程序，对人畜和环境安全危害大的品种采取了撤销登记或者限制使用等措施。《食品中农药最大残留限量》（GB2763—2019）已经颁布施行，标准是确保人民群众"舌尖上的安全"极其重要的法定技术依据。到 2020 年，国家将完成 10 000 项农药残留标准的制定。这些措施都尽可能地保证了农药使用的安全。

美国科普作家蕾切尔·卡逊女士的《寂静的春天》为我们描述了美国的一个小镇：那里没有鸟类，田野、林间一片寂静，苹果树结不出果实，母鸡的蛋也孵不出小鸡，河水被农药污染，空气中飘荡着滴滴涕的气味⋯⋯"这一切都缘因农药的使用。"《寂静的春天》也因此成了一些人士不能正确评价农药的有力"证据"。不过请大家注意，遍布书中的滴滴涕、狄氏剂、艾氏剂和毒杀芬等农药早已被众多国家禁止生产使用，2.4-滴丁酯在我国也即将禁止使用了。《寂静的春天》是人们对农药理性思考的开始，但不会终结农药的使用。美国前副总统戈尔对此书的评价公正客观："杀虫剂生产和农业是一边，公众健康是一边，我们必须在两种文化之间搭建桥梁。"

新修订的《农药管理条例》已于 2017 年 6 月 1 日施行。确定农业农村部门负责生产、登记、经营、使用的全过程监管工作；监管手段更强，农业农村部门可以使用查封、扣押强制措施，权责更加明确；农药生产企业、经营者应当对生产经营的农药产品安全性、有效性负主体责任；减少对农药生产企业的微观控制，鼓励企业研发低毒高效农药；重点加强市场秩序的监管；健全农药生产管理制度，执行原材料采购查验制度；强化农药使用者的义务，农药使用者应当按照农药的标签或者说明书使用农药，不得使用禁用农药，建立使用记录；建立农药召回、假劣农药和废弃物处置制度；加大对违法行为的惩处和问责力度；罚款基数以货值金额计算；吊销登记证后，5年不受理其农药登记申请；对违法人员实行行业禁入制度等。

新修订的《农药管理条例》聚焦最严格的监管、最严厉的处罚、最严肃的问责，开启了农药管理的新阶段，农药行业的"春天"已经到来。

农产品安全，科学用药是关键

张耀中　张明明　孙先跃

　　政以民为本，民以食为天，食以安为先。食品安全关系到人民群众的身体健康和生命安全，关系到中国农产品的国际声誉，关系到经济发展和社会稳定，关系到党和政府的形象。食品安全是人民群众最为关心的问题之一，而作为一切食品来源的农产品，其安全同样被党中央、国务院、各级党委和政府以及人民群众高度关切。党的十八大以来，中共中央高度重视、反复强调农产品质量安全工作，习近平总书记在中央农村工作会议上把它单独作为一个大方面来讲，强调能不能在这个问题上给老百姓一个满意的交代是对我们执政能力的重大考验，提出了"产出来""管出来"等重要论断及"四个最严"的要求。李克强总理在政府工作报告中又对这项工作做出明确部署，提出明确要求。可以讲，中共中央把农产品质量安全这件事提得很高、看得很重，符合时代进步的要求，回应了社会的关切和期盼。目前，各级农业农村部门都把农产品质量安全摆在更加重要的位置，更加积极、主动、高效地开展工作。一个地方农业工作抓得好不好，农产品质量安全是重要的检验标准。

一、牵牛要牵牛鼻子

近些年在舆论上曾经引起轩然大波的农产品质量舆情事件，如2008年的费县"毒花生"，2010年海南"毒豇豆"、青岛"毒韭菜"，2011年丹阳西瓜"爆炸"，2013年潍坊峡山"毒生姜"，2015年青岛"毒西瓜"，2016年"避孕黄瓜"等，无不与农药有关。另据农业农村部统计，2003—2013年，在媒体报道的农产品质量安全问题中，有62.1％为种植业农产品，而这其中的68.3％与农药相关，足以说明种植业产品质量安全的"牛鼻子"就是农药。只要解决了农药的问题，农产品安全问题就解决了一大半，只有解决了农药的问题，才能解决农产品安全问题。

二、现代农业离不开农药

既然农药是影响农产品质量安全的最主要因素，那么在农业生产上能不能不用农药？答案是否定的。其实世界使用农药也就200多年的历史，但在这期间农药的使用量不断增加，这是因为人口增长需要大力发展农业生产，以保障粮食的安全供给；同时现代农业的发展也越来越依赖农药的使用。联合国粮食及农业组织研究指出，农作物病虫草害引起的损失最多可达 40％ 左右。2015 年在上海召开的全国农药交流会上，全国农业技术服务推广中心主任陈生斗讲解："如果不使用农药，我们农业所谓的口粮绝对安全、谷物自给自足是根本做不到的，这些得到大量的实验数据汇总结果的支持。在粮食作物中，西南稻区、江南稻区、华南稻区、长江中下游稻区及东北稻区五大稻区在完全不防治情况下，华南和江南试验点造成的损失分别高达 77.94％ 和 59.63％，三年平均损失分别为 64.08％ 和 50.31％，西南、长江中下游和东北稻区三年平均损失分别为 26.47％、28.36％ 和 19.67％。棉花病虫害的危害，2010 年新疆库尔勒地区棉花盲蝽为偏轻发生，2011 年河南新乡、2013 年河北廊坊棉花盲蝽为中等至偏重发生；2010—2012 年，盲蝽造成的棉花产量损失率依次为 12.6％、25.4％ 和 34.0％。针对果树，选择柑橘病虫害损失进行评估，在重病情况下，减产率都在 50％ 以上，最高达到 62.86％！针对杂草，如果在小麦生产区不进行化学除草，小麦产量会减少 1/4 以上。"我国是一个人口众多、耕地紧张的国家，粮食增产和农民增收始终是农业生产的主要目标，而使用农药控制病虫草害从而减少粮食损失是必要的技术措施，如果不用农药，我国肯定会出现饥荒！农业机械化等现代农业技术需要使用农药进行除草、控高、脱叶和坐果等措施，以利于机械化操作。农药对植物来说，犹如医药对人类一样重要，且必不可少。

三、农药残留是可以控制的

农药对农产品安全的影响是以农药残留的形式表现出来的，媒体曝光的"毒花生""毒韭菜""毒豇豆"和"毒生姜"等都是存在农药残留超标的现象。在农业生产过程中常常发生病虫草鼠危害，需要用农药进行防治，因此，几乎所有农产品都可能含有农药残留，中国农产品是，国外农产品也是。其实农业现代化程度越高，农药的使用量越大。据统计，发达国家单位面积农药使用量是发展中国家的 1.5～2.5 倍。只要用农药，就会产生农药残留，有农药残留，就可以用一个量表示，这个量是可以在规定的方法下用仪器确定下来。这个量确定下来后，如果没有一个标准值来比较，我们是没法断定这个量是否可以接受，也就是说含有这个量的产品能否被我们使用。这个标准值就是最大农药残留限量。笼统地说，只要一个农产品中的农药残留量小于最大农药残留限量，这个农产品就是我们可以接受的。这里不说是最好的，说的是可以接受的。而农药残留量超标农产品则存在安全风险，不应食用。需要补充的是，在制定残留标准时增加了至少100 倍的安全系数。举例来说，如果食品中某农药残留量为 50毫克/千克时，可能会出现安全风险，那么将标准定为 0.5 毫克/千克，因此残留标准具有很大的保险系数。没有残留是理想主义，没有一个国家能做到，但减少农药残留，确保农产品安全是各国农业和农药管理的工作目标，我们需要做的是把农药残留控制在农药残留限量标准之下。只有实现这一点，才能既实现农业生产安全，又确保农产品质量安全。

四、目前我国农药残留的状况

目前，我国农产品农药残留现状，可以用三句话来概括，即近年不断好转，总体现状较好，但仍存在隐患。具体内容分为三个方面。一是全国每年 3～5 次的农产品质量安全例行监测显示逐年好转和大为改善的结果，不仅表现于农药残留超标率逐年持续下降，已从十几年前的超过 50％到目前的 5％以下，而且表现在残留检出值也是明显降低，十年前检出超过 1毫克/千克农药残留量的蔬菜数量较多，但现已很少见，仅偶有检出超过 1 毫克/千克的。二是目前农产品农药残留监测合格率总体较高，如稻米和水果高达 98％以上，蔬菜和茶叶也达95％以上。三是目前农药残留状况尚不稳定，仍然存在着一些风险隐患，如南方地区或其他地区的夏季，由于病虫害发生严重、农药使用量大，易造成农产品农药残留超标，又如在设施反季节栽培情况下，由于农药用量大并且不易降解，也易引起农药残留超标，还有随着国内外残留限量标准的提高或监测农药种类的增加，原来不超标的农产品变成了超标。特别是由于我国农业生产的产业规模太小，有众多千家万户的农民分散生产和经营，加上生产技术较为落后，基地准出和市场准入难以真正做到，造成监管更加困难。总之，我国的农药残留整体状况不比发达国家差，而且目前高毒、剧毒农药登记比例仅有1.46％，使用比例也已降到 3％以下，人们完全没有必要"谈农药色变"。

五、控制农药残留的关键是科学合理使用农药

既然农产品中农药残留量在最大残留限量标准之下是安全的，那么如何确保农药残留量低于最大残留限量呢？就是要科学合理使用农药。首先，要确保不使用禁用农药和超范围使用限用农药。其次，要严格按照农药登记批准的标签使用农药。农药登记是对一个农药的毒性、安全性、残留和使用效果等综合的、科学的、规范的评价过程，登记的农药是当时"安全有效"的农药，按照登记批准的适用范围、防治对象（病、虫、草等）、施药剂量、使用次数和施药方法使用农药，就能保证农产品农药残留不超标，生产的农产品符合要求；最后，要注意安全间隔期，不要在安全间隔期内进行采收。

面对一家一户的农业生产方式，全面实现科学合理使用农药还任重道远，农业农村部门应致力于开展大量工作。一是加大科学合理使用农药的宣传力度。要大力宣传科学合理使用农药对保障农业生产安全、农产品质量安全和人民群众生命健康安全的重要性。要利用广播、电视、报刊和网络等多种渠道向农民宣传推广低毒高效农药新品种、识别假冒伪劣农药和安全使用农药的有关知识，营造一个全社会关注农药使用的良好氛围。二是加强科学合理使用农药指导。积极推广先进的植保技术，推荐科学的药剂使用配方，指导农民对症用药，合理、适期施药，大力推广农药减量控害技术，避免群众长期单一、盲目使用农药的情况发生，提高防治水平，减少防治次数，减少用药量，促进农产品质量安全。三是大力引进推广先进的施药

器械，不断改进施药技术，提高农药利用率。四是全面开展病虫害统防统治和综合防治，减少农药使用量。五是实施低毒低残留农药使用补贴，大力推广生物农药，减少化学农药的使用，不断降低农药残留水平。六是对特色小宗作物使用农药登记试验进行财政补贴，组织开展联合试验，努力解决部分农作物"无药可用"的问题。

科学合理用农药，丰产增收保安全

韩帅兵

近年来，随着国家对食品安全的日益重视及人们健康意识的逐渐提高，农产品中的农药残留成为人们关注的焦点，发生的几个涉及农药残留的农产品质量安全事件，如"毒豇豆""苹果套袋"和"毒西瓜"等，更是将农药残留推到了舆论的风口浪尖，甚至有了"我们吃的瓜果浑身是药"的言论，更有少数记者和媒体为博眼球，借助这股"东风"故意"妖魔化"农药和一些特色农产品，致使广大农民朋友蒙受巨大损失。

那么，在农业生产中可不可以不使用农药呢？答案是否定的。在现代农业生产中，农药是世界上包括发达国家在内的各个国家都不可不用的生产资料。据联合国粮食及农业组织测算，如果不用农药进行病虫害防治，作物损失率高达37％。也就是说，如果不使用农药，农产品的产量根本无法满足人们的需求。但是，只要使用农药，理论上都会产生或多或少的农药残留。对于广大农民朋友来说，农药的使用就成了一把真正的"双刃剑"。一方面，农药的使用增加作物产量，提高了经济效益，让种植户大受其益；另一方面，如果在生产过程中使用不当，产品农药残留超标，发生农产品质量安全事故，不仅使消费者身体健康受到威胁，广大农民朋友也会蒙受巨大的经济损失，甚至面临牢狱之灾。那么，在农业生产中，是否能做到既保证农产品产量，让农民丰产、增收，又尽量减少农药残留，确保农产品质量安全？其实，只要做到以下几点，就能实现这个"双赢"的局面。

一、少用农药

所谓"少用农药"，并不是说毫无道理地减少农药的用量，而是在种植过程中采取科学的病虫害防治措施，在保证丰产的前提下尽量减少农药的绝对使用量。这也是减少作物农药残留最直接、最有效的方法。比如，选用抗病虫的作物品种，有效减少作物病虫害的发生；合理轮作，减少土壤病虫积累；播种前于炎夏或隆冬深翻耕地，可杀死部分病菌、虫卵；播种后加强田间管理，培育壮苗，合理密植，清洁田园，合理灌溉施肥，创造适宜作物生长而不利于病虫害发生的环境条件；采用灯诱、味诱等物理方法，诱杀害虫，比如，黄板诱杀蚜虫、粉虱、斑潜蝇等，灯光诱杀斜纹夜蛾、金龟子等害虫，专用性诱剂诱杀小菜蛾、斜纹夜蛾、甜菜夜蛾等；利用自然界的天敌生物防治病虫害等。通过采取这一系列措施，可以有效地控制农作物病虫害的发生，直接减少农药的使用量。在无法阻止农作物病虫害发生，不得不使用农药的情况下，则应该推广发展专业化统防统治，做到绿色防控，促进传统的分散防治方式向规模化和集约化统防统治转变，提高病虫害防控的效果、效率和效益，最大限度减少病虫危害损失；搞好病虫害的测报，确保有的放矢，在用药品种和时间上都做到精准施药，在最关键的时候施药，施用最关键的药；通过改进施药方法、改良施药器具等手段，提高农药的利用率等。通过这些措施的采取，也可以尽量地减少农药的使用量，从而有效地控制作物中的农药残留。

二、选对农药

"选对农药"就是要求农民朋友们在使用农药时要谨慎选择农药产品，避免因使用了错误的农药使农产品中农药残留过量。目前，我国规定了66种禁限用农药，其中包括禁止生产、销售的农药品种，也有限制使用范围的农药，主要是限制在蔬菜、瓜果、茶叶和中草药等作物上使用。如克百威、甲拌磷等，属于限制使用的农药，超范围使用容易造成农药残留超标，种植户将会承担很大的风险。而且，2015年实施的《食品安全法》中更是规定了对违法使用剧毒、高毒农药的，将由公安机关予以处罚、拘留等严厉的处罚手段。因此，广大农民朋友在选用农药时首先应当远离这些禁限用农药。

我国《农药管理条例》还规定了任何农药产品都不得超出农

药登记批准的使用范围使用。农药产品在作物上获得农药登记证前都会经过科学的试验，获得产品化学、药效、残留、毒理、环境等数据，以判定其有效性和安全性。因此，如果某一农药产品的标签上标明在某种作物上有登记，那么只要按照其使用方法科学施用，在这种作物上的农药残留就基本不会超出国家标准，反之就无法保证使用此种农药的安全性。所以，广大种植户在选用农药时，应该仔细阅读标签，确定农药产品允许使用在哪些作物品种上，避免超范围使用农药。

除了选择正确的农药品种，种植户们还应注意合理轮换交替用药，正确混配、混用，避免长期使用单一品种农药，防止产生耐药性；在保证药效的前提下，尽量选择毒性小、分解快的药剂品种；加大生物农药的使用比例等。通过采取这些措施，提高病虫害防治效率，降低产品中农药残留量。

虽然我国目前的农药生产、销售等环节总体比较合法、规范。但是，仍不排除有少数农药生产、销售企业受利益驱使，违法生产、销售假冒伪劣农药产品，甚至在其中添加国家明令禁止生产、销售的禁用农药成分，种植户如果使用了此类农药，将会在不知情的情况下面临极大的风险。因此，广大种植户在购买农药时，应该选择正规的、具备农药经营许可证的销售网点，并尽量选择有规模的农药厂家生产的农药产品，避免因使用了不合格的农药产品而无法保证防治效果，导致农作物减产，甚至发生药害，造成绝收，或者出现产品农药残留超标，发生农产品质量安全事故。

三、用好农药

"用好农药"就是严格按照农药产品标签来使用农药，避免因错误的使用方法增加农药残留量。当种植户在农业生产中不可避免地使用到农药时，在选择了正确的农药产品后，还应注意如何用正确的方法使用农药。

前文已经提到，农药产品在某个作物上获得合法的农药登记证前都会经过科学的试验，获得产品化学、药效、残留、毒理、环境等数据，以判定其有效性和安全性。通过这些试验，会确定这种农药在此种作物上科学的施用方式、施药剂量、施药次数、施药间隔及安全间隔期等数据。只有严格按照这些使用方法来进行使用才能既保证药效，又不会造成农药残留超标。《农药管理条例》规定了农药产品的这些使用方法信息必须在产品标签上详细标明，种植户应严格按照标签使用。然而，我国当前的农业生产仍以家庭承包经营为主体，经营主体分散，文化水平偏低，在使用农药时，很多种植户根本不会去注意标签上的文字，这样就造成了"想用多少用多少""想怎么用就怎么用"以及"想什么时候收就什么时候收"的现象很普遍。比如，在农业生产中，种植户为了取得好的防治效果而擅自增加农药使用剂量和使用次数的现象极为常见。这样做虽然在短期内可能会取得良好的防治效果，但是在长期使用后，会造成病虫害很快产生耐药性，让农药失去应有的作用，防治效果急剧降低，这个时候的解决方法往往就是再加大农药使用量，最终形成恶性循环，农药的使用量不断增大，却起不到应有的防治效果，并最终导致收获期的农产品中农药残留大幅增加，甚至超出安全标准。

除了增加农药使用剂量和次数外，种植户在生产过程中另一个容易出问题的地方就是对采摘期的掌握。农药在使用到农作物上后就会消解，农药残留的浓度也就相应降低了，只有经过足够的时间后，作物上的农药残留才会达到一个安全的水平，这个时间我们称其为"安全间隔期"，也就是最后一次施药到采收所应经历的时间。这个时间在生产中应该严格遵守，但实际情况是，很多的种植户出于种种原因，有的是不明白这个日期的意义，有的是出于上市时间的考虑等，对农药标签中明确标明的这一时间熟视无睹，不到安全间隔期就采摘的现象非常普遍，尤其是在蔬菜水果的种植中，由于有些品种生长期短或者需要连续采摘，有些种植户甚至可能刚打完药就进行采摘，造成产品中农药残留严重超标，极大地危及消费者的身体健康。因此，按照安全间隔期来采收农作物，是保证农作物中农药残留符合标准的重要措施。

总之，农药产品标签上注明的施用方式、施药剂量、施药次数、施药间隔及安全间隔期等信息都是经过科学论证的，种植户在使用农药的过程中应严格遵守，科学、合理地使用，保证防治效果，确保产品安全。

虽然在当前的条件下，农业生产中使用农药是不可避免的事情，但只要在使用农药时做到"少用农药，选对农药，用好农药"，就可以把农药这把"双刃剑"变成农民手中的一把"利器"，既保证了广大种植户的增产、增收，又能生产出安全、合格的农产品，满足广大人民群众的需求。

大面积不使用化学农药行吗？

杨理健　李长杰

"农业未来就是要回到原生态栽培，精耕细作，不使用化学农药，生产没有农药残留的农产品"。这在小面积也许可以，但是大面积还是需要化学农药。这就好比"物理防治是警察，化学防治是军队"。一个国家警察和军队都不可缺少，警察是维护治安，保护人民日常生活的安定，而军队是为了打仗，是最强大的维护国家主权和领土完整的工具。现在有一种错误认识，不使用农药的农产品就是最好的，对人身体无害，而使用化学农药的农产品就是人得病的根源。其实，这是对农药的误解。那么，我们为什么要使用化学农药？

一、现代农业的发展越来越依赖化学农药

在我国，危害农作物的病、虫、草、鼠害有许多种，其中病害约 750 种，害虫（螨）约 840 种，杂草 70 余种，农田鼠害 20 余种，构成农作物的灾害在 100 种以上。医药、农药都是药。植物犹如人类一样，在生长发育过程中会遭受多种病菌、害虫、杂草以及害鼠的侵袭，如不对其进行保护和救治，轻则会影响生长、减少产量，重则会导致死亡、颗粒无收。人生病了要吃药、植物生病了要打药，道理是一样的。据联合国粮食及农业组织统计，通过正确使用农药可以挽回 40％左右的损失。据日本植物保护协会的试验，病虫侵害可使作物减产达53％。我国每年使用农药防治作物的面积近 70 亿亩次，使用农药 29 万吨，约占全世界的 10％。挽回的粮食损失在 30％以上，挽回粮食 240 亿千克，棉花 150 万吨，蔬菜 1 500 万吨，水果 600 万吨。

二、我们现在使用的化学农药是比较安全的

我们使用的农药主要是化学农药，82％是低毒、微毒农药，这个比例在全世界是比较高的；剧毒、高毒农药只占1.4％，在全世界是比较低的，而且我国列出了淘汰剧毒、高毒农药的时间表，到 2025 年基本禁止在国内使用；生物农药占 10％，而且发展迅速。

三、物理防治只能解决局部病虫害问题

我国是一个人口众多、耕地紧张的国家，粮食增产和农民增收始终是农业生产的主要目标，而使用化学农药控制病虫草害从而减少粮食减产是必要的技术措施。如果不用化学农药，我国肯定会出现饥荒。太阳能杀虫灯、诱杀黄板绿板和性诱剂等物理防治，可以解决局部、个别虫害，但是大面积、突发性、严重的病虫害还是需要化学农药。

四、农作物病虫害以及其产生的毒素也会对人产生危害

目前，农产品因真菌感染而产生的对人体有害的真菌毒素已报道有 300 多种，常见的有黄曲霉毒素、玉米赤霉烯酮和展青霉素等。农产品在储藏、运输过程中，如果不进行防腐保鲜处理，极易感染食源性疾病微生物而发生腐烂，消费者食用被大肠杆菌等污染的农产品后会引发急性肠炎等，可见，化学农药控制病菌的危害，因而在减少生物毒素产生和食源性疾病微生物污染等方面发挥了重要作用。

五、农药登记及监管严格保证农产品质量安全

医药与农药都是药，有的农药毒性比医药，甚至咖啡、食盐的毒性都低。医药、农药都要取得登记才能生产，需要做大量的

登记试验，甚至农药的登记试验比人药更加严格，除了需要做绝大多数医药做的试验外，还需要做医药不需要做的环境、残留试验。有的化学农药 1 亩地仅用 1 克，大多数化学农药 1 亩地用 5～10 克，如果分摊在一个人一天吃的食物量里面是微乎其微的。因此，残留标准具有很大的保险系数，农产品中的化学农药残留只要在国家标准范围内，就是安全的。新修订的《农药管理条例》实施，实行农药生产、经营许可，采取最严厉的处罚，打击生产、经营、使用假劣农药，也确保了舌尖上的安全。

六、"农药减量行动"减少农药残留

我国推进农业生产标准化，发展有机农产品、绿色食品和无公害农产品，对所用的化学农药以及使用方法都有严格的标准化规定，按照标签科学使用化学农药，化学农药的残留较小，超标的情况少，相对比较安全。目前，全国正在大力实施一些措施，尽力减少农产品中的农药残留。比如，一是全面开展病虫害统防统治，绿色防控，减少农药使用量；二是正确规范使用农药，严格遵守施药安全间隔期，减少农药残留量；三是大力推广生物农药、物理防治，减少化学农药的使用，不断降低农药残留水平。

什么是低毒、 低残留、环境友好型农药？

张耀中　　迟归兵　　孙先跃

从 2002 年起到 2019 年年底，我国已禁止销售和使用 46 种农药、限制使用 20 种农药（附件 1）。对这 66 种农药采取禁限用政策的原因，无外乎三个。要么毒性高，是剧毒或高毒农药，影响人身安全，比如毒鼠强、甲胺磷、苯线磷等；要么残留期过长，对农产品质量或下茬作物有影响，影响农产品质量安全或产生作物药害，比如三氯杀螨醇、氯磺隆、胺苯磺隆、甲磺隆等；要么就是对环境有不良影响，比如六六六、滴滴涕、氟虫腈等。尽管这些农药仍然有较好的杀灭病虫草害的效果，但从保障人民群众生命安全、农产品质量安全和生态环境安全的目的出发，就必须对这些高毒、高残留、对环境有不良影响的农药采用禁限用措施，转而大力推广使用低毒、低残留、环境友好型农药。2016年中央1号文件提出："加强产地环境保护和源头治理，实行严格的农业投入品使用管理制度。推广高效、低毒、低残留农药，实施兽用抗菌药治理行动。"

一、低毒、低残留、环境友好型农药概念

低毒、低残留、环境友好型农药应满足三个条件。

首先，农药对人畜毒性低，使用安全。农药急性毒性大小一般在大鼠上进行试验确定，按照我国农药产品毒性分级标准，低毒农药急性毒性大鼠经口毒性 LD_{50} 为 500～5 000 毫克/千克。农药产品标签上都有醒目的毒性标志，低毒农药的标志是菱形框内标注红色字体的低毒字样⬦。

其次，农药在植物体、农产品内和土壤中易于降解，消失所需要的时间短，也就是残留量低。

最后，农药要更环保、更安全。一些农药有效成分本身对环境产生不良影响的品种，如引起水俣病的有机汞及高毒的无机砷、引起神经毒性的有机磷类及因残留导致环境污染的有机氯类，以及近年来对环境产生不良影响的磷化铝、溴甲烷等绝大多数品种都已被禁用，所以现在说环境友好型农药更多的是指农药剂型对环境无不良影响或影响较小。在20世纪80年代中期，联合国通过大量调研与论证，形成了全球环境友好型农药剂型的基本框架（附件2），该框架体现在中华人民共和国与联合国所签署的CPR/91/121号合作开发框架文体中。在这个框架中，现在

仍占较大比例的乳油、粉剂和可湿性粉剂这三种剂型被归为传统剂型，而水乳剂、微胶囊悬浮剂、悬浮剂、悬乳剂和水分散粒剂则是环境友好剂型。

二、低毒、低残留、环境友好型农药品种

截至 2018 年年底，全国共登记了 681 个农药有效成分，要想区分哪些是低毒、低残留农药，对一般人来讲难度确实较大。为此，农业农村部种植业管理司会同农业农村部农药检定所，组织有关专家，根据农药品种毒性、残留限量标准、农业生产使用及风险监测等情况，对已取得正式登记的农药品种进行筛选、评估，制定了《种植业生产使用低毒低残留农药主要品种名录（2016）》（附件 3），指导农民选用低毒低残留农药时参考使用。该名录共有 109 个农药有效成分，占全部登记有效成分的 16.5％，其中：杀虫剂 36 个，如四螨嗪、溴螨酯、虫酰肼、除虫脲、氯虫苯甲酰胺、烯啶虫胺等化学农药和苏云金杆菌、球孢白僵菌、菜青虫颗粒体病毒、甘蓝夜蛾核型多角体病毒等生物农药；杀菌剂 48 个，如啶酰菌胺、氟啶胺、氟酰胺、己唑醇、三唑酮、戊菌唑、抑霉唑、枯草芽孢杆菌、蜡质芽孢杆菌、几丁聚糖和氨基寡糖素等；除草剂 15 个，如精喹禾灵、精异丙甲草胺、硝磺草酮、氰氟草酯、苄嘧磺隆和吡嘧磺隆等；植物生长调节剂 10 个，如 S-诱抗素、胺鲜酯、赤霉酸 A3、赤霉酸 A4＋A7、萘乙酸、乙烯利和芸苔素内酯等。该名录仅针对农药有效成分，不涉及农药剂型。农民朋友使用农药时，可参考名录，再结合全球环境友好型农药基本框架中所列环境友好型剂型，选准既是低

毒、低残留，又是环境友好型的农药。比如，在蔬菜、果树上使用杀菌剂苯醚甲环唑，由于苯醚甲环唑的剂型有乳油、悬浮剂和水分散粒剂，因此可以选择苯醚甲环唑水分散粒剂或悬浮剂，这样所选的农药既是低毒、低残留农药，又是环境友好型农药。再比如，小麦除草剂苯磺隆，有可湿性粉剂和水分散粒剂，我们应优先选择使用苯磺隆水分散粒剂。

三、低毒、低残留、环境友好型农药使用

由于低毒、低残留、环境友好型农药存在使用成本偏高、见效慢等缺点，农民接受起来有一定难度，政府部门需要加强引导和政策扶持，鼓励农民积极使用。山东省农业厅每年都根据当年实际，选择合适的低毒、低残留农药，向社会推荐发布主要农作物用药名录，帮助农民朋友选择使用。从 2013 年开始，农业部就启动了低毒生物农药示范补贴项目，通过实施财政补贴来带动低毒低残留农药的推广使用。近几年，在山东省寿光、安丘、章丘、栖霞、沂源和莱州等县（市），实施了农业农村部低毒生物农药示范补贴项目，基本探索形成了一套行之有效的管理措施和方法，具备了在大范围推广实施低毒低残留农药财政补贴的条件，并将之写入了《山东省农产品质量安全监督管理规定》。《山东省农产品质量安全监督管理规定》第十二条"实行低毒、低残留农药、兽药补贴制度。设区的市人民政府或者县（市、区）人民政府应当组织财政、农业、林业、畜牧兽医等部门，选定实施补贴的低毒、低残留农药和低残留兽药品种。具体补贴办法、补贴标准由当地人民政府制定并组织实施。前款规定的低毒、低

残留农药和低残留兽药品种，其生产企业和销售价格由当地人民政府通过招标确定并向社会公布"。2016 年青岛市财政出资 2 600 万元实施低毒、低残留农药补贴，济南、东营、济宁等市也开展了低毒、低残留农药补贴试点工作。未来几年，山东省有望在全省范围内普及低残、低残留农药财政补贴政策，这将极大地促进低毒、低残留、环境友好型农药的使用，使农药保障农业生产安全、农产品质量安全和生态环境安全的积极作用得以充分发挥。

附件 1

禁限用农药名录

《农药管理条例》规定，农药生产应取得农药登记证和生产许可证，农药经营应取得经营许可证，农药使用应按照标签规定的使用范围、安全间隔期用药，不得超范围用药。剧毒、高毒农药不得用于防治卫生害虫，不得用于蔬菜、瓜果、茶叶、菌类和中草药材的生产，不得用于水生植物的病虫害防治。

一、禁止（停止）使用的农药（46 种）

六六六、滴滴涕、毒杀芬、二溴氯丙烷、杀虫脒、二溴乙烷、除草醚、艾氏剂、狄氏剂、汞制剂、砷类、铅类、敌枯双、氟乙酰胺、甘氟、毒鼠强、氟乙酸钠、毒鼠硅、甲胺磷、对硫磷、甲基对硫磷、久效磷、磷胺、苯线磷、地虫硫磷、甲基硫环磷、磷化钙、磷化镁、磷化锌、硫线磷、蝇毒磷、治螟磷、特丁硫磷、氯磺隆、胺苯磺隆、甲磺隆、福美胂、福美甲胂、三氯杀螨醇、林丹、硫丹、溴甲烷、氟虫胺、杀扑磷、百草枯、2,4-滴丁酯。

注：氟虫胺自 2020 年 1 月 1 日起禁止使用。百草枯可溶胶剂自 2020 年 9 月 26 日起禁止使用。2,4-滴丁酯自 2023 年 1 月 29 日起禁止使用。溴甲烷可用于"检疫熏蒸处理"。杀扑磷已无制剂登记。

二、在部分范围禁止使用的农药（20种）

农药名称	禁止使用范围
甲拌磷、甲基异柳磷、克百威、水胺硫磷、氧乐果、灭多威、涕灭威、灭线磷	禁止在蔬菜、瓜果、茶叶、菌类和中草药材上使用，禁止用于防治卫生害虫，禁止用于水生植物的病虫害防治
甲拌磷、甲基异柳磷、克百威	禁止在甘蔗作物上使用
内吸磷、硫环磷、氯唑磷	禁止在蔬菜、瓜果、茶叶和中草药材上使用
乙酰甲胺磷、丁硫克百威、乐果	禁止在蔬菜、瓜果、茶叶、菌类和中草药材上使用
毒死蜱、三唑磷	禁止在蔬菜上使用
丁酰肼（比久）	禁止在花生上使用
氰戊菊酯	禁止在茶叶上使用
氟虫腈	禁止在所有农作物上使用（玉米等部分旱田种子包衣除外）
氟苯虫酰胺	禁止在水稻上使用

附件 2

全球环境友好型农药基本框架

传统剂型	环境友好剂型
乳油（EC）	水乳剂（EW）
	微胶囊悬浮剂（CS）
粉剂（DP）	悬浮剂（SC）
	悬乳剂（SE）
可湿性粉剂（WP）	水分散粒剂（WG）

附件 3

种植业生产使用低毒低残留农药主要品种名录（2016）

一、杀虫剂（36 个）

序号	农药品种名称	使用范围（按照登记标签标注的使用范围和注意事项使用）
1	虫酰肼	十字花科蔬菜，苹果树
2	除虫脲	小麦，甘蓝，苹果树，茶树，柑橘树
3	氟啶脲	甘蓝，棉花，柑橘树，萝卜
4	氟铃脲	甘蓝，棉花

（续）

序号	农药品种名称	使用范围（按照登记标签标注的使用范围和注意事项使用）
5	灭幼脲	甘蓝
6	松毛虫赤眼蜂	玉米
7	氟虫脲	柑橘树，苹果树
8	甲氧虫酰肼	甘蓝，苹果树，水稻
9	氯虫苯甲酰胺	甘蓝，苹果树，棉花，甘蔗，花椰菜，玉米
10	灭蝇胺	黄瓜，菜豆
11	杀铃脲	柑橘树，苹果树
12	烯啶虫胺	柑橘树，棉花，水稻，甘蓝
13	印楝素	甘蓝
14	苦参碱	甘蓝，黄瓜，梨树
15	矿物油	黄瓜，番茄，苹果树，梨树，柑橘树，茶树，杨梅树，枇杷树
16	螺虫乙酯	番茄，苹果树，柑橘树
17	苏云金杆菌	十字花科蔬菜，梨树，柑橘树，水稻，玉米，大豆，茶树，甘薯，高粱，烟草，枣树，棉花，辣椒，桃树
18	菜青虫颗粒体病毒	十字花科蔬菜
19	茶尺蠖核型多角体病毒	茶树
20	除虫菊素	十字花科蔬菜
21	短稳杆菌	十字花科蔬菜，水稻，棉花
22	耳霉菌	小麦

序号	农药品种名称	使用范围（按照登记标签标注的使用范围和注意事项使用）
23	甘蓝夜蛾核型多角体病毒	甘蓝，棉花，玉米，水稻，烟草
24	金龟子绿僵菌	苹果树，大白菜，椰树，甘蓝，花生
25	棉铃虫核型多角体病毒	棉花
26	球孢白僵菌	水稻，花生，茶树，小白菜，棉花，番茄，韭菜
27	甜菜夜蛾核型多角体病毒	十字花科蔬菜
28	小菜颗粒体病毒	十字花科蔬菜
29	斜纹夜蛾核型多角体病毒	十字花科蔬菜
30	乙基多杀菌素	甘蓝，茄子
31	苜蓿银纹夜蛾核型多角体病毒	十字花科蔬菜
32	多杀霉素	甘蓝，柑橘树，大白菜，茄子，节瓜，水稻，棉花，花椰菜
33	联苯肼酯	苹果树，柑橘树，辣椒
34	四螨嗪	苹果树，梨树，柑橘树
35	溴螨酯	柑橘树，苹果树
36	乙螨唑	柑橘树

二、杀菌剂（48 个）

序号	农药品种名称	使用范围（按照登记标签标注的使用范围和注意事项使用）
1	苯醚甲环唑	黄瓜，番茄，苹果树，梨树，柑橘树，西瓜，水稻，小麦，茶树，人参，大蒜，芹菜，白菜，荔枝树，芦笋，香蕉树，三七，大豆
2	春雷霉素	水稻，番茄，柑橘树，黄瓜
3	丙环唑	水稻，香蕉树，花生，大豆，玉米，苹果树，小麦
4	吡唑醚菌酯	黄瓜，苹果树，西瓜，香蕉，白菜，芒果树，棉花
5	稻瘟灵	水稻
6	啶酰菌胺	黄瓜，草莓，葡萄，苹果树，甜瓜
7	噁霉灵	黄瓜（苗床），西瓜，甜菜，水稻
8	氟酰胺	水稻
9	己唑醇	水稻，小麦，番茄，苹果树，梨树，葡萄
10	咪鲜胺	黄瓜，辣椒，苹果树，柑橘，葡萄，西瓜、香蕉，荔枝树，龙眼树，小麦，水稻，油菜，芒果，大蒜
11	咪鲜胺锰盐	黄瓜，辣椒，苹果树，柑橘，葡萄，西瓜，水稻，芒果，蘑菇，大蒜
12	醚菌酯	黄瓜，苹果树，草莓，小麦，水稻
13	嘧菌环胺	葡萄，水稻

（续）

序号	农药品种名称	使用范围（按照登记标签标注的使用范围和注意事项使用）
14	嘧菌酯	葡萄，黄瓜，番茄，柑橘树，香蕉，西瓜，水稻，玉米，大豆，马铃薯，冬瓜，枣树，荔枝树，芒果，人参
15	噻呋酰胺	水稻，马铃薯
16	噻菌灵	苹果树，柑橘，香蕉，葡萄，蘑菇
17	三唑醇	水稻，小麦，香蕉
18	三唑酮	水稻，小麦，玉米
19	戊菌唑	葡萄
20	烯酰吗啉	黄瓜，辣椒，葡萄，马铃薯，苦瓜，甜瓜
21	异菌脲	番茄，苹果，葡萄，香蕉，油菜
22	抑霉唑	苹果，柑橘（果实）
23	氨基寡糖素	黄瓜，番茄，梨树，西瓜，水稻，玉米，白菜，烟草，棉花，猕猴桃树，苹果树，小麦，辣椒
24	多抗霉素	梨树，黄瓜，苹果树
25	氟啶胺	辣椒，大白菜，马铃薯
26	氟菌唑	黄瓜，梨
27	氟吗啉	黄瓜
28	几丁聚糖	黄瓜，番茄，水稻，小麦，玉米，大豆，棉花，柑橘（果实）
29	井冈霉素	水稻、小麦
30	喹啉铜	苹果树，黄瓜，番茄

（续）

序号	农药品种名称	使用范围（按照登记标签标注的使用范围和注意事项使用）
31	宁南霉素	水稻，苹果，番茄，香蕉
32	噻霉酮	黄瓜
33	烯肟菌胺	黄瓜，小麦
34	低聚糖素	番茄，水稻，小麦，玉米，胡椒
35	地衣芽孢杆菌	黄瓜，西瓜，小麦
36	多黏类芽孢杆菌	黄瓜，番茄，辣椒，西瓜，茄子，烟草，姜，水稻
37	菇类蛋白多糖	番茄，水稻
38	寡雄腐霉菌	番茄，水稻，烟草
39	哈茨木霉菌	番茄，人参
40	蜡质芽孢杆菌	番茄，小麦，水稻，茄子，姜
41	木霉菌	黄瓜，番茄，小麦，人参
42	葡聚烯糖	番茄
43	香菇多糖	西葫芦，烟草，番茄，辣椒，西瓜，水稻
44	乙嘧酚	黄瓜
45	荧光假单胞菌	番茄，烟草，黄瓜，水稻，小麦
46	淡紫拟青霉	番茄
47	厚孢轮枝菌	烟草
48	枯草芽孢杆菌	黄瓜，辣椒，草莓，水稻，棉花，马铃薯，三七，烟草，番茄，柑橘，大白菜，人参

三、除草剂（15 个）

序号	农药品种名称	使用范围（按照登记标签标注的使用范围和注意事项使用）
1	苯磺隆	小麦
2	苯噻酰草胺	水稻（抛秧田、移栽田）
3	吡嘧磺隆	水稻（抛秧田、移栽田、秧田）
4	苄嘧磺隆	水稻（直播田、移栽田、抛秧田）
5	丙炔氟草胺	柑橘园，大豆田
6	精喹禾灵	油菜田，棉花田，大豆田，花生田
7	氯氟吡氧乙酸	小麦田，水稻（移栽田），玉米田
8	稀禾啶	花生田，油菜田，大豆田，亚麻田，甜菜田，棉花田
9	硝磺草酮	玉米田
10	异丙甲草胺	玉米田，花生田，大豆田，水稻（移栽田），甘蔗田
11	仲丁灵	棉花田，西瓜田
12	丙炔噁草酮	水稻（移栽田），马铃薯田
13	精异丙甲草胺	玉米田，花生田，油菜移栽田，夏大豆田，甜菜田，芝麻田
14	氰氟草酯	水稻（秧田、直播田、移栽田）
15	精吡氟禾草灵	大豆田，棉花田，花生田，甜菜田

四、植物生长调节剂（10 个）

序号	农药品种名称	使用范围（按照登记标签标注的使用范围和注意事项使用）
1	萘乙酸	水稻（秧田），小麦，苹果树，棉花，番茄，葡萄，荔枝
2	胺鲜酯	大白菜，白菜，玉米
3	超敏蛋白	番茄，辣椒，烟草，水稻
4	赤霉酸 A3	梨树，水稻，菠菜，芹菜，大白菜，烟草
5	赤霉酸 A4＋A7	苹果树，梨树，荔枝树，龙眼树，柑橘树
6	复硝酚钠	番茄，柑橘
7	乙烯利	番茄，玉米，香蕉，荔枝，棉花
8	芸苔素内酯	黄瓜，番茄，辣椒，苹果树，梨树，柑橘树，葡萄，草莓，香蕉，水稻，小麦，玉米，花生，油菜，大豆，叶菜类蔬菜，荔枝树，龙眼树，棉花，甘蔗，烟草
9	S-诱抗素	番茄，水稻，烟草，棉花，葡萄
10	三十烷醇	柑橘树，小麦，花生，平菇，烟草，棉花

什么是生物农药及如何使用生物农药？

信洪波　肖斌　牛建群

一、生物农药概念及种类

生物农药主要指以动物、植物、微生物本身或者它们产生的物质为主要原料加工而成的农药。生物农药大致可以分为三类。

（一）植物源农药

植物源农药主要原料直接来源于植物体。杀虫剂有苦参碱、鱼藤酮、印楝素、藜芦碱、除虫菊素、烟碱、苦皮藤素、桉油精和八角茴香油等；杀菌剂有蛇床子素、丁香酚和香芹酚等。

（二）微生物农药

微生物农药主要原料为活的细菌、真菌和病毒等。细菌有苏云金杆菌、球形芽孢杆菌、枯草芽孢杆菌、蜡质芽孢杆菌、地衣芽孢杆菌、荧光假单胞菌、多黏类芽孢杆菌和短稳杆菌等；真菌有金龟子绿僵菌、球孢白僵菌、哈茨木霉菌、木霉菌、淡紫拟青霉、厚孢轮枝菌和耳霉菌等；核型多角体病毒有茶尺蠖核型多角体病毒、甜菜夜蛾核型多角体病毒、苜蓿银纹夜蛾核型多角体病毒、斜纹夜蛾核型多角体病毒、甘蓝夜蛾核型多角体病毒、棉铃虫核型多角体病毒等；质型多角体病毒有松毛虫质型多角体病毒等；颗粒体病毒有菜青虫颗粒体病毒等。

（三）生物化学农药

生物化学农药是指同时满足下列两个条件的农药：一是对防治对象没有直接毒性，而只有调节生长、干扰交配或引诱等特殊作用；二是天然化合物，如果是人工合成的，其结构应与天然化合物相同（允许异构体比例的差异）。主要分为诱抗剂、生长调节剂、信息素/引诱剂等。诱抗剂主要有葡聚烯糖、氨基寡糖素、几丁聚糖、香菇多糖、低聚糖素和超敏蛋白等。生长调节剂主要有芸苔素内酯、赤霉酸、吲哚乙酸和吲哚丁酸等。信息素/引诱剂主要有诱蝇羧酯（地中海实蝇引诱剂）、诱虫烯和梨小性迷向素（E-8-十二碳烯乙酯，Z-8-十二碳烯醇，Z-8-十二碳烯乙酯）等。

二、如何科学使用生物农药

生物农药使用技术要求较高，在使用过程中，应当依据标签内容，根据不同种类生物农药的具体特点采用恰当的使用方法和技术。

（一）植物源农药

1. 正确使用农药品种，做到对症下药 尽管许多植物源农药具有较为广泛的生物活性，可以同时防治多种虫害或病害，但每一种植物源农药都有其擅长的防治对象。在多种病虫草害混合发生时，可有针对性地选择几种植物源农药进行混合或与其他生物源农药混合使用，做到有的放矢，才能取得良好的防治效果。

2. 提前施药、防病于未然 植物源农药没有化学农药那样高效，其杀虫防病作用速度也相对缓慢，其特点是作用方式特殊，除了具有杀虫防病的作用外，往往还具有调节植物抗病（虫）能力的作用，因此，用植物源农药防治病虫害，应根据它的特点，选择好用药时期，才能取得良好的防治效果。一般而言，使用植物源杀虫剂防治虫害应采用"治早、治小"的原则，即在虫害发生初期，大多数害虫处于低龄幼虫时用药。用植物源杀菌剂应采取"预防为主"的原则，尽可能在发病前和发病初期用药，这样即可以起到防虫治病的作用，又可以让作物强身健体，提高作物自身抵抗病害能力。

3. 早晚使用、常量喷雾 除了植物源农药品种、用药时期选择是否得当以外，在使用植物源农药防治病虫害时，一些小的细节也会在一定程度上影响植物源农药药效发挥。植物源农药的活性成分大多数含量较低，在阳光下和空气中容易分解，因此，选择傍晚喷药或阴天喷药的防治效果往往比在太阳暴晒下喷药的防治效果好。另外，植物源农药大多不具有内吸作用，只能杀死接触到的害虫和病菌，因此，植物源农药大多适合于常量喷雾，而且喷雾要周到均匀，不宜采用低容量喷雾或超低容量喷雾。病虫害发生严重时，应先用化学农药尽快降低病虫害基数，再配合植物源农药进行综合防治。

（二）微生物农药

1. 掌握温度 微生物农药的活性与温度直接相关，使用环境的适宜温度应当在 15℃以上，30℃以下。低于适宜温度，所喷施的生物农药，在害虫体内的繁殖速度缓慢，而且也难以发挥作用，导致产品药效不好。通常，微生物农药在 20～30℃条件下防治效果比在 10～15℃条件下高出 1～2 倍。

2. 把握湿度 微生物农药的活性与湿度密切相关。农田环境湿度越大，药效越明显，粉状微生物农药更是如此。最好在早晚露水未干时施药，使微生物快速繁殖，起到更好的防治效果。

3. 避免强光 紫外线对微生物农药有致命的杀伤作用，在阳光直射 30 分钟和 60 分钟，微生物死亡率可达到 50％和 80％以上。最好选择阴天或傍晚施药。

4. 避免雨水冲刷 喷施后遇到小雨，有利于微生物农药中活性组织的繁殖，不会影响药效。但暴雨会将农作物上喷施的药液冲刷掉，影响防治效果。要根据当地天气预报，适时施药，避开大雨和暴雨，以确保杀虫效果。

另外，病毒类微生物农药专一性强，一般只对一种害虫起作用，对其他害虫完全没有作用，如小菜蛾颗粒体病毒只能用于防治小菜蛾。使用前要先调查田间虫害发生情况，根据虫害发生情况合理安排防治时期，适时用药。

（三）生物化学农药

1. 化学信息物质　典型代表为性诱剂，性诱剂不能直接杀灭害虫，主要作用是诱杀（捕）和干扰害虫正常交配，以降低害虫种群密度，控制虫害过快繁殖。因此，不能完全依赖性引诱剂，一般应与其他化学防治方法相结合。如使用桃小食心虫性诱芯时，可在蛾峰期田间始见卵时结合化学药剂防治。

（1）开包后应尽快使用。性诱剂产品易挥发，需要存放在较低温度的冰箱中，一旦打开包装袋，应尽快使用。

（2）避免污染诱芯。由于信息素的高度敏感性，安装不同种害虫的诱芯前，需要洗手，以免污染。

（3）合理安放诱捕器。诱捕器放的位置、高度以及气流都会影响诱捕效果。如斜纹夜蛾性引诱剂，适宜的悬挂高度为1～1.5米；保护地使用可依实际情况适当降低；小白菜类蔬菜田应高出作物0.3～1米；高秆类蔬菜田可挂在支架上；大棚类作物可挂在棚架上。

2. 植物生长调节剂

（1）选准品种，适时使用。植物生长调节剂会因作物种类、生长发育时期、作用部位不同而产生不同的效应。使用时应按产品标签上的功能选准产品，并严格按标签标注的使用方法，在适宜的时期使用。

（2）掌握使用浓度。植物生长调节剂可不是"油多不坏菜"。要严格按标签说明浓度使用，否则会得到相反的效果。如生长素在低浓度时促进根系生长，较高浓度时反而抑制生长。

（3）药液随用随配，以免失效。有些调节剂如赤霉素，在植物体内基本不移动，如同一个果实只处理一半，会致使处理部分增大，造成畸形果。在应用时注意喷布要均匀细致。

（4）不能以药代肥。即使是促进型的调节剂，也只能在肥水充足的条件下起作用。

3. 蛋白类、寡聚糖类农药

该类农药（如氨基寡糖素、几丁聚糖、香菇多糖、低聚糖素等）为植物诱抗剂，本身对病菌无杀灭作用，但能够诱导植物自身对外来有害生物侵害产生反应，提高免疫力，产生抗病性。使用时需注意以下几点。

（1）应在病害发生前或发生初期使用，病害已经较重时应选择治疗性杀菌剂对症防治。

（2）药液现用现配，不能长时间储存，无内吸性，注意喷雾均匀。

什么是高毒农药，如何有效监管？

张荣全　于志波

农药是重要的农业生产资料，在保障粮食安全、确保主要农产品有效供给等方面发挥着重要作用。但同时农药也是有毒物质，若生产、使用不当，将会对人畜生命安全、农产品质量安全和生态环境安全造成严重影响。山东省是农业大省，也是农药生产经营使用大省，生产量和使用量位居全国前列，农药生产企业近 300 家，约占全国总量的 17%，登记农药数量约占全国总量的 1/5，农药经营者数量约占全国总量的 1/6。在农业发展还离不开农药的情况下，应科学客观地评价农药的作用与危害。只有通过加强管理，特别是加强对高毒农药的监管，在充分发挥农药作用的同时，将其危害降到最低，才是目前唯一的选择。

一、什么是剧毒、高毒农药

首先了解什么是农药毒性？农药毒性是指农药对人畜及其他有益生物产生直接或间接的毒害作用，或使其生理功能受到严重破坏作用的性能。农药进入人畜体内主要通过口服、皮肤接触和呼吸吸入三种方式。农药毒性主要用大鼠等来进行测试，根据对动物的试验时间和导致中毒的方式，农药毒性试验一般分为急性毒性、亚慢急性毒性和慢性毒性三类。我们讲的农药毒性一般是指农药急性毒性，用经口半数致死量 LD_{50} 来表示。LD_{50} 小于 5 毫克/千克的，为剧毒；LD_{50} 为 5～50 毫克/千克的为高毒。

剧毒、高毒农药是指农药登记毒性为剧毒、高毒的农药单剂及其复配制剂（阿维菌素除外）。我国农药管理未区分原药产品与制剂产品，凡是登记毒性为剧毒、高毒的农药单剂及其复配制剂均纳入剧毒、高毒农药使用管理范围。

《农药管理条例》明确规定"剧毒、高毒农药不得用于防治卫生害虫"，主要是因为卫生用农药使用场所和使用方式特殊，与人接触机会多、时间长、范围广，很多卫生用农药（如蚊香、杀虫气雾剂等）直接用于家居环境。严格限定卫生用农药品种，保证接触人群的安全，是国际通行的管理措施，世界卫生组织公布的卫生用农药推荐名录中也不包含高毒、剧毒农药。

《农药管理条例》明确规定"剧毒、高毒农药不得用于蔬菜、瓜果、茶叶、中草药材生产"，主要是因为蔬菜、瓜果、茶叶从农药使用到采摘时间短，剧毒、高毒农药的急性毒性高，一旦有农药残留超标极易造成中毒，危害消费者的身体健康和生命安全；中草药作为药物，对农药质量安全要求严格，在加工成药过程中存在浓缩效应，如在其上使用剧毒、高毒农药，会增加食用者的安全风险。为避免高毒农药的不当使用，截至 2019 年年底，国家已禁用了 46 种剧毒、高毒农药。

自 21 世纪初开始，我国剧毒、高毒农药禁用力度加大，淘汰进程加快。经过近 20 年的努力，剧毒、高毒农药比重发生了根本性变化，由原来占比 60% 左右下降到目前 2% 左右，产品低毒化效果显著，农药结构更趋合理，中毒死亡和食品安全问题迅速缓解。目前剧毒、高毒农药主要用于地下害虫防治、粮食仓储、毒杀老鼠和土壤消毒等方面。而在这些方面，低毒、低残留的农药新品种的研发还是薄弱环节，现在有的还不可替代。剧毒、高毒农药并不代表高残留农药，有的剧毒、高毒农药残留低、药效很好，经济效益比较高。

从 20 世纪 80 年代初以来，我国已先后淘汰了久效磷、磷胺、甲胺磷等 46 种剧毒、高毒农药，现在登记使用的剧毒、高毒农药（以原药毒性分类）只有 22 种，而在生产中广泛使用的是低毒、低残留农药。《食品安全法》明确要求"禁止将剧毒、高毒农药用于蔬菜、瓜果、茶叶和中草药材等国家规定的农作物。国家对农药的使用实行严格的管理制度，加快淘汰剧毒、高毒、高残留农药，推动替代产品的研发和应用，鼓励使用高效低毒低残留农药。"因此，农业农村部在充分论证的基础上，科学有序、分期分批地加快淘汰剧毒、高毒、高残留农药。除了农业生产等必须保留的高毒农药品种外，淘汰禁用其他高毒农药。

二、高毒农药为何屡禁不止

（一）高毒农药成本低、见效快

我国瓜果、蔬菜种植特点是"小而散"，散户种植人数多、规模小，多是露天种植，病虫害发生程度较重。高毒农药不但使用成本比低毒低残留农药低，而且见效快。对于一些家庭经营果农、菜农来说，一亩地使用高毒农药杀虫只需花十几元钱，如果使用低毒低残留农药，价格则要几十元，而且杀虫效果较慢，出于成本及杀虫效果考虑，他们可能违规选择高毒农药。

（二）果农、菜农安全意识不高

我们国家农业生产是千家万户，很多农民生产技术水平较低，普通果农、菜农文化水平不高，农技知识相对欠缺，加上法律意识淡薄，对有关高毒农药法律法规、政策规定并不太了解。在使用农药时，往往造成农药滥用、错用。在使用高毒、高风险农药时，使用量大、不按照安全间隔期使用农药，势必给农产品安全带来隐患。

（三）监管力度不够

一方面是农药市场监管存在薄弱环节，尽管高毒农药全面退市时间表已经确定，高毒农药要求定点经营、实名购买，但在市面上一些早已退市高毒农药经过改头换面重新上市，很容易被果农、菜农买到；另一方面千家万户种植瓜果蔬菜，规模小，种植人数多而散，监管难度大，一些散户种植地成为监管盲区，这一直是农药监管方面存在的难题。

三、如何加强对高毒农药的监管

高毒农药的监管是保证农产品质量安全和农业生产安全的大事。那么，怎么做到有效监管呢?

（一）实施限制使用农药定点经营

根据农作物种植面积、全省乡（镇、街道办事处）数量以及全省限制使用农药经营的实际情况，综合设定全省限制使用农药定点经营机构数量上限为1 000家。市、县级在不超出该县域定点经营机构数量的前提下，根据用药实际，充分考虑均衡设置、便民高效原则，可打破乡级行政区划界限，科学规划设定每个经营机构的布设地点（或选址区域），并向社会公布。限制使用农药经营许可证由山东省农业农村厅审批发放。经营限制使用农药，实行专柜销售、实名购买、溯源管理，严禁利用互联网经营限制使用农药。

在蔬菜、瓜果、茶叶、菌类、中草药材等特色农产品生产区域和饮用水水源地保护区、风景名胜区、自然保护区、野生动物集中栖息地以及当地人民政府确定的其他重要区域内，禁止设立限制使用农药定点经营机构。

（二）建立农药产品二维码追溯体系

2017年新修订的《农药管理条例》第二十二条明确规定

"农药标签应当按照国务院农业主管部门的规定，以中文标注农药的名称、剂型有效成分及其含量、毒性及其标识、使用范围、使用方法和剂量、使用技术要求和注意事项、生产日期、可追溯电子信息码等内容"，《农药生产许可审查细则》也明确要求农药生产企业要"有产品可追溯管理制度"以及"有可追溯管理等设施，满足管理要求"。2017年9月5日农业部第2579号公告明确规定"标签二维码应具有唯一性，一个标签二维码对应唯一一个销售包装单位"。这样，从生产源头上赋予了每个产品销售单位唯一的二维码，实现了全程可控可追溯。

（三）加大农药产品质量监督抽查力度

按照"双随机一公开"的要求，加大对农药生产企业和农药市场的抽查数量和频次，坚决打击非法生产禁用高毒农药、添加未登记隐性成分和生产假冒伪劣农药的行为。

（四）加大处罚力度，强化行政与刑事处罚的衔接

依据最高人民法院、最高人民检察院发布的《关于办理危害食品安全刑事案件适用法律若干问题的解释》第十一条第二款、第三款规定"生产、销售国家禁止生产、销售、使用的农药，情节严重的，依照刑法第二百二十五条的规定以非法经营罪定罪处罚；同时构成生产、销售伪劣产品罪（刑法第一百四十条），生产、销售伪劣农药罪（刑法第一百四十七条）等其他犯罪的，依照处罚较重的规定定罪处罚"。

依据《环境保护法》第六十三条第四款规定"生产、使用国家明令禁止生产、使用的农药，责令改正，拒不改正的，由县级

以上人民政府环境保护主管部门或者其他有关部门将案件移送公安机关，对其直接负责的主管人员和其他直接责任人员，处十日以上十五日以下拘留；情节较轻的，处五日以上十日以下拘留"。

依据《食品安全法》第一百二十三条第一款规定"违法使用剧毒、高毒农药的，除依照有关法律、法规规定给予处罚外，可以由公安机关给予拘留"。

（五）通过低毒生物农药示范项目带动，改变农民传统用药习惯

近年来，我们在全省蔬菜、果树种植集中区域开展了低毒生物农药示范补贴项目，对使用低毒生物农药的菜农果农进行适当补贴。通过项目的实施，有力推动了低毒生物农药的使用，改变了农民的传统用药习惯，进一步提高了广大农民安全合理使用农药的意识和水平，从源头上确保了农产品质量安全。

如何通过标签全面了解农药

于志波　张荣全

一、农药标签的概念及其意义

农药标签和说明书，是指农药包装物上或附于农药包装物的，以文字、图形、符号说明农药内容的一切说明物。农药登记评审中涉及药效、残留、环境、毒理和产品化学等方面的结论，以及使用中的安全注意事项等内容，都以标签的形式体现。

农药标签和说明书是经营者、使用者了解农药产品特性的最直接、最根本的途径。农药标签作为农药登记内容的最终体现，它既是农药产品进入市场流通领域的"身份证"，生产企业与农药使用者签署的"契约书"，也是指导农药使用者安全、科学、合理使用农药的"介绍信"。

农药标签核准也是与国际通行惯例接轨。世界各个国家均对农药产品标签进行核准，并实行严格的执法手段。美国要求在批准农药登记后，登记证持有人根据登记批准的结果，单独申请农药标签核准。《全球化学品统一分类和标签制度》（GHS）中，一个完整的标签至少含有信号词、危险说明、象形图、防范说明和产品标识等 5 个部分。

我国农药标签存在的问题主要有三个。一是农药标签标注内容不规范，例如未标注有效成分及含量、农药登记证号、安全间隔期等。二是农药标签标注虚假、误导使用者的内容，例如擅自扩大使用范围、使用虚假广告宣传语等，误导使用者。三是农药标签残缺不全。针对以上问题，2017 年 6 月 21 日农业部发布了新的《农药标签和说明书管理办法》，对农药标签和说明书进行了规范，对标签标注的具体内容及其格式作出了明确规定。

《农药标签和说明书管理办法》实施以来，农药标签逐步规范，特别是在中国农药信息网上公布电子标签后，为农药管理部门执法检查、农药经营者进货查验产品信息、农药使用者科学合理选购农药提供了可靠的依据。

二、农药标签应载明的主要事项

农药标签应当按照国务院农业主管部门的规定，以中文标注农药的名称、剂型、有效成分及其含量、毒性及其标识、使用范围、使用方法和剂量、使用技术要求和注意事项、生产日期、可追溯电子信息码等内容。

剧毒、高毒农药以及使用技术要求严格的其他农药等限制使用农药的标签还应当标注"限制使用"字样，并注明使用的特别限制和特殊要求。用于食用农产品的农药标签还应当标注安全间隔期等内容。

农药生产企业不得擅自改变经核准的农药标签内容，不得在农药标签中标注虚假、误导使用者的内容。

三、农药标签应载明事项的具体要求

（一）农药名称、有效成分含量、剂型等

农药名称必须使用通用名称或简化通用名称，直接使用的卫生农药以功能描述词语和剂型作为产品名称。单制剂使用农药有效成分的通用名称；混配制剂使用各有效成分通用名称组合或简化通用名称，最多不超过 9 个字。

有效成分含量和剂型应当醒目标注在农药名称的正下方（横版标签）或正左方（竖版标签）相邻位置（直接使用的卫生用农药可以不再标注剂型名称），字体高度不得小于农药名称的1/2。有效成分含量指产品中各有效成分的总含量，采用质量分数（%）表示，也可采用质量浓度（克/升）表示。特殊农药可用其特定的通用单位表示。农药产品的剂型表述执行国家有关标准的规定。

毒性分为剧毒、高毒、中等毒、低毒、微毒等五个级别，分别用"☠"标识和"剧毒"字样、"☠"标识和"高毒"字

样、"❖"标识和"中等毒"字样、"<低毒>"标识、"微毒"字
样标注。标识应当为黑色，描述文字应当为红色。

其基本格式见图1和图2。

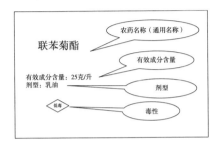

图 1　单制剂产品

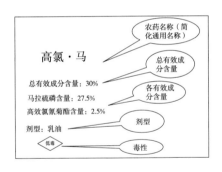

图 2　混配制剂产品

（二）农药三证号

农药三证指的是农药登记证、生产许可证和产品标准证。

农药登记证由农业农村部颁发，大田用农药以 PD 开头，卫
生用农药以 WP 开头，依次在后面加上年号和登记编号，如
PD20121668、WP20140006；农药生产许可证由省级农业农村部

门颁发，其编号规则为农药生许＋（省份简称）＋顺序号（4 位数），如：农药生许（鲁）0001；产品标准号有 3 种，包括国家标准（GB）如 GB 28141—2011、行业标准（HB）如 HG 3756—2004 和企业标准（Q）如 Q/0181SLH128—2018。

每个农药企业的每一个商品化的农药产品，在农药标签上都必须标有"三证"号，进口农药直接销售的只有农药登记证号一个证号。"三证"不齐、冒用其他农药产品"三证"、冒用其他厂家"三证"、涉嫌未取得行政许可或假冒范围，属违法行为。

（三）使用范围、使用方法、剂量、使用技术要求

适用作物、防治对象、用药量、使用方法必须严格按照农业农村部农药登记核准的内容标注，不得擅自更改。

用药量标注的是制剂用药量，其中，大田作物用克（毫升）/亩表示，树木（果树）用稀释倍数表示。种子处理剂的使用剂量采用每 100 千克种子使用该产品的制剂量表示。

使用技术要求主要内容包括施用条件、施药时期、安全间隔期、每季最多使用次数，对当茬作物、后茬作物的影响及预防措施，以及后茬仅能种植的作物或者后茬不能种植的作物、间隔时间等。安全间隔期指最后一次施药至作物收获时允许的间隔天数，这个期限必须严格遵守，以免影响农产品质量安全。

（四）注意事项

注意事项应当标注以下内容。

（1）对农作物容易产生药害，或者对病虫容易产生抗性的，应当标明主要原因和预防方法。

（2）对人畜、周边作物或者植物、有益生物（如蜜蜂、鸟、蚕、蚯蚓、天敌及鱼、水蚤等水生生物）和环境容易产生不利影响的，应当明确说明，并标注使用时的预防措施、施用器械的清洗要求。

（3）已知与其他农药等物质不能混合使用的，应当标明。

（4）开启包装物时容易出现药剂撒漏或者人身伤害的，应当标明正确的开启方法。

（5）施用时应当采取的安全防护措施。

（6）国家规定禁止的使用范围或者使用方法等。

（五）生产日期、产品批号、质量保证期

生产日期应当按照年、月、日的顺序标注，年份用四位数字表示，月、日分别用两位数字表示。产品批号包含生产日期的，可以与生产日期合并表示。

质量保证期指在正常条件下的质量保证期限，一般为 2 年，质量保证期也可以用有效日期或者失效日期表示。

（六）可追溯电子信息码

可追溯电子信息码以二维码等形式标注，能够扫描识别农药名称、农药登记证持有人名称等信息。

（七）其他需要载明标注的内容

农药标签上必须标明生产企业名称、地址、邮政编码、电话和传真等，委托加工或者分装农药的标签还应当注明受托人的农药生产许可证号、受托人名称及其联系方式和加工、分装日期。

进口农药产品应标注其境外生产地，以及在中国设立的办事机构或者代理机构的名称及联系方式。

中毒急救措施，包括中毒症状及误食、吸入、眼睛溅入、皮肤沾附农药后的急救和治疗措施等内容。有专用解毒剂的，应当标明，并标注医疗建议。剧毒、高毒农药应当标明中毒急救咨询电话。

储存和运输方法，包括储存时的光照、温度、湿度、通风等环境条件要求及装卸、运输时的注意事项，并醒目标明"远离儿童""不能与食品、饮料、粮食、饲料等混合储存"等警示内容。

农药类别，农药标签下方均须加一条与底边平行的、不褪色的特征颜色标志带表示不同类别的农药。绿色带为除草剂、红色带为杀虫剂、黑色带为杀菌剂、深黄色带为植物生长调节剂、蓝色带为杀鼠剂等。

四、标签不合规及捆绑销售的处罚

依据《农药管理条例》第五十三条规定"农药生产企业有下列行为之一的，由县级以上地方人民政府农业主管部门责令改正，没收违法所得、违法生产的产品和用于违法生产的原材料等，违法生产的产品货值金额不足 1 万元的，并处 1 万元以上 2 万元以下罚款，货值金额 1 万元以上的，并处货值金额 2 倍以上 5 倍以下罚款；拒不改正或者情节严重的，由发证机关吊销农药生产许可证和相应的农药登记证：……（三）生产的农药包装、标签、说明书不符合规定；……"

依据《农药管理条例》第五十七条规定"农药经营者有下列

行为之一的，由县级以上地方人民政府农业主管部门责令改正，没收违法所得和违法经营的农药，并处 5 000 元以上 5 万元以下罚款；拒不改正或者情节严重的，由发证机关吊销农药经营许可证：……（三）采购、销售未附具产品质量检验合格证或者包装、标签不符合规定的农药；……"

依据《农业部办公厅关于擅自修改农药标签和赠送过期农药适用法律问题的函》（农办政函〔2014〕46 号）的解释，农药经营者以赠送、奖励、捆绑销售等名义向消费者提供农药产品的，应当认定为经营农药的行为。赠送、奖励、捆绑销售未取得农药登记证农药的，应当认定为经营未取得农药登记证农药的行为，依照《农药管理条例》第四十条第一项予以处罚。

如何辨别农药广告

夏雨　马明

农药作为特殊的商品，发布广告需要按照《广告法》要求进行审查。农药广告通过媒体、条幅等形式向农民推荐农药信息，起到宣传和引导作用。规范宣传能指导农民正确使用农药，服务农业生产；错误的宣传，可能会引导农民购错农药、用错农药，造成作物药害、人畜中毒、污染环境和农药残留超标等危害。那么，农民该怎样辨别农药广告呢？我们从农药广告的申报、审查、发布、识别和管理等方面系统地进行介绍。

一、农药广告的申报

《农药广告审查办法》对申报内容提出了具体要求，农药广告审查的申请材料应包括《农药广告审查表》，并提交证明文件。提交的材料包括农药生产者和申请人的营业执照及其他生产、经营资格的证明文件，农药生产许可证或准产证，农药登记证、产品标准号、农药产品标签，法律、法规规定的及其他确认广告内容真实性的证明文件，广告设计的音频或文字内容。

农药广告申报，可以委托农药经销者或者广告经营者办理。

二、农药广告的审查

《广告法》规定发布农药广告应当在发布前由广告审查机关对广告内容进行审查；广告审查机关应当作出审查决定，并及时向社会公布批准的广告。《农药广告审查办法》规定由省级农业行政主管部门负责审查农药广告。

农药广告的审查按 1998 年修订的《农药广告审查办法》规定通过重点媒介发布的农药广告和境外生产的农药的广告，需经农业部审查批准；其他农药广告，需经广告主所在地省级农业部门审查批准。2012 年 9 月，农药广告审批在《国务院关于第六批取消和调整行政审批项目的决定》（国发〔2012〕52 号）中下放至省级农业部门。

各省份也根据当地实际情况进行了调整或下放，如江西、广西等省份将农药广告审批下放至市县农业部门。山东省农业农村厅关于农药广告审批下放的申请未获省政府批准。因此，按山东省政府权力清单职责分工，山东省农业农村厅负责农药广告审查。

农药广告按广告主提交的申报材料逐项审查，审查需要注意 4

个方面的问题。一是《农药广告审查表》里提供的证件的真实性；二是广告设计内容要严格按照《农药广告审查发布标准》审查；三是注意广告期限要与农药登记证、生产许可证或准产证的有效期相符，即一年的广告期限要在农药登记证、生产许可证或准产证的有效期范围内；四是要注意广告审查机关应当在受理申请之日起十日内做出审查决定，不要因为审批时限超时引起复议。

三、农药广告的发布

《广告法》规定农药广告未经审查，不得发布；广告主应当对广告内容的真实性负责。《农药管理条例》规定农药广告内容必须与农药登记的内容一致，并接受审查。经过审查批准的农药广告就可以通过杂志刊登、电视或广播播放、户外张贴、宣传条幅等形式发布。

四、农药广告的现状

农药在作物上使用的特性，决定了农药的销售与使用面向农村，农药广告的作用是推动农药销售与宣传农药使用。因此，随着农药行业形势发展、农药广告形势变化、农药广告审查变革，农药广告状况也发生了变化，现在更多地面向基层，面向农村。省级以上媒体（国家级、省级电台、杂志等）农药广告逐渐减少，基层媒体（县级电台、广播等）农药广告投放数量增加，网络广告琳琅满目，农田户外（乡村条幅、田间条幅等）广告随处可见。

（一）省级以上媒体发布的农药广告

在国家级、省级中上层媒体上发布的农药广告宣传面广，也容易管理监督，广告目的在于宣传企业形象，多是规范的企业发布。因此，从广告设计，到广告审查，再到广告发布，都比较规范。

（二）基层媒体发布的农药广告

基层媒体（如县级电视、广播）发布的农药广告多是适合当地使用的产品，一般集中在作物生长旺季，时间短，变化快。这类广告从宣传用语，到审查发布，从程序或播放上都不一定规范，许多没有经过审查。

（三）流动条幅发布的农药广告

流动条幅发布的农药广告多出现在生产第一线的乡村田间，仅对正在推广使用的农药产品宣传，这类广告基本不会经过审批，广告内容的真实性不能保证，介绍的产品容易误导农民。交易会、推广会、展示会上张贴的农药广告就属于这个类型，按《广告法》定义"通过一定媒介和形式直接或者间接地介绍自己所推销的商品或者服务的商业活动"就是广告。但是，这种形式的农药广告时间短，流动性强，从山东省农药广告审查中没发现有申报的，可这种广告却到处都是。

（四）网络媒体上发布的农药广告

随着农村互联网的普及，网络发布农药广告成了宣传假劣农药的新手段。正规农药企业网络宣传多建立自己公司网站，能长时间稳定发布，也容易接收广告管理；而假劣农药广告的企业多是无证生产，无法获得广告审批，多是短时间内变换方式发布，具有更大的欺骗性、隐蔽性和流动性。

五、如何辨别农药广告

面对各式各样的农药广告，农民该怎样辨别农药广告的真假呢?

（一）从批准文号上辨别

农药广告发布时要将审查通过获得的批准文号同时发布，可以从广告批准文号辨别真假。首先，看是否有批准文号? 没有农药广告批准文号，那该广告就没有通过审查。如果有，再看文号形式。一般农药企业申请农药广告审查，是向所在地农业管理部门申请并经过审查，审查文号编号也有基本格式，一般有两种。一种是文字广告，格式是省称＋农药广审（文）＋年份＋月份＋文字类广告序号；一种是视频类广告，格式是省称＋农药广审（视）＋年份＋月份＋视频字类广告序号。如 2016 年 5 月 7 日，山东某农药企业要到山东省农业厅申请在杂志上的农药广告审查，2016 年 5 月 12 日通过审查，批准文号是鲁农药广审（文）160501。农药广告期限是 1 年，该文号在 2016 年 5 月 12 日至 2017 年 5 月 12 日间有效，并向社会公布。可以根据广告内容中的企业查证所在地，到当地审查机关网站上搜寻该文号信息。如果文号格式不对，或查证信息不对，该文号可能是编造的。

（二）从发布内容上辨别

未经国家批准登记的农药不得发布广告，广告内容应当与农药登记证的内容相符，不得任意扩大范围。从农药广告批准文号上辨别农药广告只是形式上的识别，看农药广告宣传内容真假可以从发布内容上辨别。从广告内容里的产品查证其登记信息，如有不符的，可能存在修改广告审查内容的行为。还可以从广告内容的具体语言和用词去辨别真假。农药广告不得含有表示功效与安全性、专业人士与机构的形象代言或推荐等文字、画面和语言，不得贬低同类产品，不得含有评比、获奖等综合性评价内容，不得有模棱两可、言过其实的用语，不得滥用不科学的词句、术语，不得含有"无效退款""保险公司保险"等承诺。总之，农药广告内容要符合《农药广告审查发布标准》要求。

六、农药广告的管理与举报

《广告法》规定各级工商行政管理部门主管本区域的广告监督管理工作，各级政府有关部门在各自的职责范围内负责广告管理相关工作；工商行政管理部门履行广告监督管理职责。在山东省，各级农业农村部门负责省农业农村厅审查的农药广告监测，并对违规农药广告涉及的产品进行检查与处罚。

农药广告越来越多地贴近基层。那么，基层农药广告管理人员该怎么管理农药广告呢？首先，了解农药知识和农药广告内容，能正确辨别真假农药广告。其次，各部门相互合作，工商部门检查到违规广告，向农业农村部门举报查处广告宣传的产品，农业农村部门监测到违规农药广告向工商部门举报查处广告发布行为。山东省农业农村厅曾经多次监测到《农村大众》《山东科技报》等媒体上发布未经审查的农药广告，向山东省工商局进行了移交举报，处理了违规农药广告行为。最后，做好农药广告知识培训，让农民掌握农药广告知识，发现违规农药广告向工商部门举报发布者，向农业农村部门举报广告产品。

七、存在的问题与建议

目前，山东省农药广告申报、审查、发布、管理的程序是这样的，山东省农药企业申报农药广告到省农业农村厅审查，可以在获准的各级媒体上发布，农药广告的管理则在媒体所在的工商管理部门，多在基层工商局广告管理部门。省农业农村厅将审查的农药广告信息与文号推送给省工商局并向社会公开，但很难推向各级工商管理部门；各级工商管理部门对农药广告市场管理需要的依据就要向省农业农村厅查证。这样，就形成了跨行业跨层次的农药广告管理形势，况且农药的专业性较强，从而影响了农药广告管理效果，也就影响了农药广告申报的严肃性。建议农药广告审查下放至市县农业农村部门，进行同级媒体发布的农药广告同级审查，便于基层农药广告管理、广告宣传产品管理同级部门交流信息。同时，还要严格农药广告审查、传递、发布程序，落实审查者、申请者、发布者和管理者的责任，保证农药广告内容的真实性，从而促进农药广告市场规范化。

科学认识植物生长调节剂

夏雨　马明

　　农产品质量备受社会关注，经常会曝出"无核葡萄""顶花黄瓜""爆炸西瓜""洗澡猕猴桃"和"催熟香蕉"等热点话题，引起公众对植物生长调节剂的误解和恐慌。

　　经专家调查释疑，黄瓜长成后仍带花，是由于使用了氯吡脲，因此延长了花期和保鲜期，和避孕药无关；西瓜爆裂的真实原因是品种及天气极端变化等综合因素，与使用膨大剂没有直接关系；在猕猴桃幼果期用氯吡脲蘸泡果实，可以增加产量，改善口感，其安全性已得到国际组织及发达国家的认可，大家熟知的新西兰猕猴桃（奇异果），在生长过程中也使用氯吡脲；北方市场上的香蕉多是施用乙烯利催熟的，乙烯利的使用方式是遇水后产生乙烯气体而发挥作用，人体不存在乙烯利受体，导致性早熟属于误传。

通过一起起的误传事件，让我们感觉，更应该普及植物生长调节剂的专业知识与使用技术。那么植物生长调节剂是什么呢？它们是怎么产生的呢？是否会危害人体健康呢？

一、什么是植物生长调节剂

植物生长调节剂（plant growth regulators）是一类与植物激素具有相似生理和生物学效应的物质。人工合成的对植物生长发育有调节作用的化学物质和从生物中提取的天然植物激素称为植物生长调节剂。

二、植物生长调节剂是怎么产生的

植物在生长发育过程中，需要阳光和热量，本身也会产生调节生长的微量有机物质，这些物质通常被称作植物激素。植物激素能够控制或改变植物的生长过程，如叶片与花果的形成、果实的发育成熟等。植物本身产生的内源激素量很小，而且还会受到温度、湿度等很多因素的影响，在大规模农业生产中，有时不能满足植物生长发育的需要。于是，人们便用化学合成或生物发酵等方法，生产出具有类似植物激素功能的物质，这类物质就被称为植物生长调节剂。

三、植物生长调节剂的作用

植物生长调节剂已广泛应用在世界农业生产中。国外已有100多个品种商品化生产，我国登记的品种约有40个，登记产品667个，每年使用量1.9万吨（折百），广泛应用于粮食、果蔬、花卉等的生产和储藏。有的促进种子萌发，有的延长种子休眠；有的刺激植物生长，有的抑制植物生长；有的保花保果，有的疏花疏果。常用的植物生长调节剂有乙烯利、赤霉酸、复硝酚钠、多效唑、氯吡脲、芸苔素内酯、噻苯隆、萘乙酸和烯效唑等，主要应用在蔬菜、果树、棉花、烟草、水稻、小麦、玉米和大豆等作物上。根据调控植物生长和发育功能大体分六大类。

（一）保花保果

冬春季节，北方温室大棚内种植番茄，室内经常出现低温，又没有昆虫授粉，开花结果容易受到影响，就需要用植物生长调节剂来保花保果。品种主要有赤霉素、氯吡脲和复硝酚钠。

（二）促进生根

在林业生产上，常用植物生产调节剂浸泡插条等方式促进植株生根，提高移栽成活率。品种主要有吲哚丁酸、萘乙酸等。

（三）疏花疏果

果树开花结果过多，养分供给不足，影响果实发育，还会使果树易受冻害和病害。人工疏花疏果费时费力，成本高昂，常用植物生长调节剂进行疏花疏果。品种主要有萘乙酸钠、乙烯利等。

（四）防止倒伏

小麦等禾谷类作物在生长后期，容易出现倒伏，影响作物产量。植物生产调节剂可以有效控制作物徒长，降高防倒，增加产量。品种主要有甲哌鎓、矮壮素和丁酰肼等。

（五）调节成熟

有些水果成熟后还须经过后熟、软化、脱涩才能食用，如柿子、猕猴桃和香蕉等。生活中，大家会把柿子、猕猴桃等水果与成熟的苹果放在一起，就是利用苹果释放出的乙烯加速成熟软化。成熟的香蕉容易腐烂，因此在未成熟时便采摘销售，然后使用乙烯利调节香蕉的成熟度，便可以让大家在任何地方、任何时间都可以品尝到香甜可口的香蕉。品种主要有萘乙酸、乙烯利等。

（六）防衰保鲜

植物生长调节剂可用于延长水果、蔬菜和花卉的保鲜期，减缓其衰老、变质和腐烂，提高产品品质。现在，一年四季吃到新鲜的水果、蔬菜，欣赏来自远方的各种鲜花，植物生长调节剂起到关键作用。品种主要有胺鲜酯、复硝酚钠、萘乙酸等。

另外，植物生产调节剂还有促进萌发、促进或抑制茎叶生长、诱导产生雌花或雄花、促进形成无籽果实等作用。

四、植物生长调节剂是怎么管理的

根据《农药管理条例》规定，植物生长调节剂属农药管理的范畴，依法实行农药登记管理制度。凡在中国境内生产、销售和使用的植物生长调节剂，必须进行农药登记。让我们看看，一个植物生长调节剂产品从申请登记到实际应用要经过什么程序?

(一)科学试验

植物生长调节剂申请农药登记时，必须进行产品化学、药效、毒理、残留和环境影响等多项使用效果和安全性试验，特别在毒理试验中要对所申请登记产品的急性、慢性、亚慢性毒性以及致畸、致癌、致突变等进行全面试验，有的试验要经过两三年的时间，还要选择不同地区进行试验，报告数据要非常严谨细致。

(二)安全评价

只有经过科学评价证明对人类、畜类和环境安全，同时效果良好的植物生长调节剂产品，才能通过全国农药登记评审委员会(或其执行委员会)的评审，取得登记。目前，我国的植物生长调节剂评价是按照联合国粮食及农业组织和世界卫生组织的标准和方法进行的。

(三)生产许可

植物生长调节剂的生产许可是按照农药，也就是化工产品管理的，要经过环保、安检、农业农村等部门的严格考核，达到相关标准才能生产。即便通过考核，企业也要严格按照标准进行生产，接受管理部门的监督检查，并对出厂的产品进行检验，合格后才能上市销售。

（四）合理使用

农业科学家研究制定了一系列技术规范，以保障植物生长调节剂的安全使用；产品标签上标有使用范围、使用期限、使用剂量、施用方法和安全间隔期等指导信息；技术人员会通过多种方式帮助农民科学合理使用。

（五）农产品抽检

《农产品质量安全法》规定，农产品生产者和销售者要对农产品的质量安全进行自检，政府还要组织检验机构对产地和市场上的农产品进行监督抽查，不符合安全标准的产品不能上市销售。我国对农产品和食品安全要求严格，许多安全标准达到国际领先水平，符合安全标准的农产品可以放心食用。

五、植物生长调节剂的使用

通过了解植物生长调节剂的分类与管理，可以看出有的植物生长调节剂品种有多种作用，而且使用浓度比较小，因此，在使用过程中要特别小心、谨慎。对症选用、掌握浓度、科学施药是重点。

（一）对症选药

植物生产调节剂在作物上作用敏感，有的作用近似，有的作用相反。在选择用药品种时，一定要掌握作物需要，看作物是需要保果还是疏果，是需要促进生长还是需要抑制生长，然后根据作用机理和分类选择正确的产品，对症选药，不要乱用。

（二）用量准确

植物生长调节剂是一类与植物激素具有相似生理和生物学效应的物质，不能过量使用，一般每亩用量只需几克或几毫升。随意加大用量或使用浓度，有时不但不能促进植物生长，反而会使其生长受到抑制，甚至造成药害，导致叶片畸形、植株死亡。

（三）不要乱混用

在使用植物生长调节剂时，有时会图省力省事而随意将其与化肥、杀虫剂和杀菌剂等混用。植物生长调节剂能否混用，必须在认真阅读使用说明并经过试验后才能确定，否则不仅达不到促进生长或保花保果的作用，反而会因混合不当出现药害。如乙烯利药液通常呈酸性，不能与碱性物质混用。

（四）科学施药

科学施药就是不仅要熟悉每种植物生长调节剂的作用机理，还要掌握每种产品的药液配制、施药环境及对作物的影响等因素，认真阅读使用说明，科学合理使用。植物生长调节剂一般是储存在低温干燥处，使用时现配现用。如赤霉素不能直接在水中溶解，应事先配制成母液后再配制成需要的浓度，否则药剂很难混匀，影响使用效果。如防落素（对氯苯氧乙酸钠）施药浓度与气温高低有关，气温低药液浓度要高，气温高药液浓度要低；而且作物嫩叶对其较敏感，不可喷在新梢嫩叶上，以免产生药害。如多效唑在土壤中残留时间较长，田块收获后必须翻耕，以防对后茬作物产生抑制作用。

六、植物生长调节剂的安全性

（一）植物生长调节剂本身是安全的

植物生长调节剂的作用靶标是植物的细胞、组织和器官，通过与植物激素受体结合而起作用。这与动物（包括人体）激素的作用靶标（即动物的细胞、组织、器官和动物激素受体）是完全不同的，就如同我们不能让植物通过吃饭而生长一样，植物生长调节剂也不会作用于动物和人，因此对人而言是安全的。

（二）正常使用植物生长调节剂的农产品是安全的

植物生长调节剂毒性低、用量小（使用浓度一般在百万分之一的数量级）、易降解，一般在蔬菜、水果的开花、坐果期使用，3～10 天内就可以完全降解，不存在残留超标的问题，更不会在人体内累积。多年来的监测结果显示，我国从未出现过植物生长调节剂残留超标的现象。

（三）科学认识植物生长调节剂

1. 正确认识 植物生长调节剂在现代农业生产、贮运过程中不可或缺，科学合理使用不存在安全问题，使用后的农产品可以放心食用。我们要普及学习植物生长调节剂的理化性质、作用机理、毒性等级和使用方法等综合知识，才能正确认识其安全性。

2. 科学分析　　正确、合理使用通过登记的植物生长调节剂不会影响农产品的安全性，相反还能改善果蔬品质。不要谈植物生长调节剂色变，要理性对待，科学分析，不要盲目跟风，产生不必要的恐慌。

如何科学使用农药，延缓抗药性的产生

张国福　金岩　吴亚玉

　　农业化学防治已经成为现代农业生产的重要组成部分，但随着化学农药的大量使用，有害生物抗药性问题日趋严重。近年来，有害生物抗药性种群不断增加，农业生产上因为有害生物产生抗药性导致防治失败，甚至绝收的事件屡见不鲜。有害生物抗药性已经成为制约农业增产、增收以及农产品质量安全的重要因素。自 20 世纪中叶以来，有关抗性害虫大面积暴发导致人类经济遭受大量损失的报道数不胜数，因而引起了越来越多的社会关注。随着农业生产对农药的日渐依赖，有害生物抗药性问题自然而然地暴露出来，现已成为害虫综合治理中的重要问题之一。

　　有害生物抗药性的危害多种多样。如导致农药防效降低，造成作物减产；增加农药使用量，加大农业生产成本，增加环境压力，扩大了对鱼、虾、蜜蜂等有益生物的危害，打破了自然界生态平衡；造成人畜中毒；减少农药的使用寿命等。因此有害生物的抗药性成为当前农业有害生物防治中不可忽视的重要问题，解决有害生物抗药性迫在眉睫。

一、如何预防农药抗药性的产生

（一）采用轮作制度

在一定年限内，同一块土地上，按预定顺序轮换栽种不同农作物。合理的轮作不但可以有效地降低农作物病、虫、草害的积累，预防病、虫、草害的发生，减少农药的使用频率和使用量，防止有害生物抗药性的产生和农药污染环境，而且还能改善耕作层土壤结构，保持地力，增加产量，提高经济效益。

（二）减少用药次数和用药量

用药量的多少直接影响到农药对有害生物的选择压。用药量少，选择压低，有害生物不易产生抗药性。植物保护的目的在于使作物免受或减轻损失，而不是尽可能多地杀死有害生物。受害作物存在着耐害性和补偿能力，在允许的有害生物密度下，并不会引起严重损失或品质下降。所以有害生物防治要有合理的指标，不要看到病、虫、草等有害生物就用药。如在防治害虫时，要坚持查虫口密度，之后确定防治田块，调查害虫发育时期，确定最佳防治时期。可以不用药的田块，不要用药。达到防治指标的田块，要在有害生物对药剂敏感期用药，使用有效低剂量，不要随意加大用药量。在将有害生物控制在经济阈值允许密度以下的同时，保留尽可能多的敏感个体和有害生物天敌。敏感个体可以稀释抗性基因频率，天敌可以消灭一部分抗性个体，均有利于延缓有害生物抗药性的产生和发展。同时，改进施药器械，提高喷雾均匀性和作业效率、减少药液在土壤中的沉积量及飘失量，以及提高精准施药技术，通过判断靶标有无、作物冠层大小、植株病虫害及长势等特征，最终实现按需喷药等措施，均可以在保证施药效果的同时极大地节约药液、减少农药使用量。

（三）使用有增效作用的复配农药

日本曾做了大量关于增效作用复配剂的工作，无论是室内还是田间试验，都证明了有增效作用的复配剂是防治抗性有害生物的有效手段。有增效作用的复配农药可以直接杀死抗性个体，从而延缓有害生物抗药性的产生和发展。复配农药是由两种或两种以上的农药混在一起制成的，复配剂中的每一种农药单独使用或许杀死的有害生物并不多，但它们混合起来的作用就会大大增强。当然，不能临时混配或随意掺和，这样做的结果极有可能导致拮抗作用，造成药效下降，使有害生物产生更为严重的多抗现象。

（四）轮换使用作用机制不同的杀虫剂

有害生物一旦形成较高程度的抗性，其抗药性一般不易消失。但是，当有害生物对某种药剂只有产生微弱的抗药性时，只要停止使用该药剂一定的时间，抗性就会减退。这是因为抗性个体生命力弱，在有大量敏感个体存在的情况下，竞争不过敏感个体，再加上敏感个体的稀释作用，使抗性个体减少，这实际上是一种反选择作用。所以使用一种药剂至有害生物对该药剂有微弱抗性时，必须换用另一种作用机制不同的药剂。换用的农药可以是单剂，也可以是复配剂。虽然换用的农药品种之间没有负交互现象，但一种农药可以杀死抗其他农药的有害生物个体。换用的品种越多，害虫群体中的多抗个体的频率就越低，加上反选择作用，可以有效延缓抗药性的产生和发展。

随着专业化统防统治服务组织蓬勃发展，将更加有利于延缓有害生物抗药性的产生。专业化统防统治不仅可以解决一家一户防病治虫难题，保障国家粮食安全和农业生产稳定发展，而且是实现农药减量使用，保障农产品质量安全和农业生态安全的关键措施，也是植保防灾减灾适应转变农业生产方式、构建新型农业经营体系、发展现代农业的客观需要。通过作物全生育期病虫防治承包服务方式，可以合理安排轮作，统一轮换使用农药。通过准确测报，实现在合适时间，使用合理剂量，全方位防治病虫草害，可以有效降低化学农药使用量、使用次数，进而达到延缓有害生物抗药性的产生。

二、如何治理农药抗药性

（一）换用新农药品种

有害生物产生抗药性以后，换用新农药品种是最有效最直接的方法。换用新品种可以解决问题于一时，但如果不合理使用，新品种会很快失去作用。另外，新农药的开发难度大，时间长，往往跟不上抗性发展的速度，并且花费大，成本高。所以期待开发新的农药品种来解决抗性问题不是有效的办法。

同时，采用微生物及植物源农药作为生物制剂，也被认为是解决有害生物抗药性十分可行的方式，并且现有一些非常成功的先例，如苏云金杆菌、阿维菌素和核型多角体病毒等。但目前对这类杀虫剂的开发还非常不够，仅以这种方法还远远不能解决有害生物抗药性问题。

（二）合理使用农药增效剂和助剂

因昆虫通过新陈代谢和排泄行为可以阻止药剂在其体内积累并达到中毒的浓度阈值，从而表现出耐药性，即产生抗药性。针对这一现象，在药剂生产加工过程中，可通过加入某种助剂或增效剂，促进药剂快速到达作用靶标，提高药剂防治效果，达到杀死抗性个体的目的。因此在对农作物有害生物进行药物防治时，将适量助剂和增效剂添加到农药中，是解决有害生物抗药性的方法之一。

（三）利用负交互抗性

所谓负交互抗性是指有害生物对一种药剂产生抗性以后，而对另一种药剂变得更为敏感的现象。具有负交互抗性的两种农药混用或轮用都能消除抗性个体，是防治抗性有害生物最理想的药剂。然而具有负交互抗性的药剂很少，因此在使用药剂时应注意发现具有负交互抗性的农药，然后应用到有害生物抗性的防治中去。

研究利用负交互抗性药剂的反选择压力，可以有效延迟害虫田间抗性的产生。所以明确抗性种群的交互抗性谱对指导药剂的合理使用、不同生物农药的混用和预测不同药剂的使用寿命等具有重要指导意义。

（四）调整作物布局、完善耕作制度

有专家对于不同寄主植物诱导棉铃虫对药剂敏感性变化做过试验。结果表明，取食不同寄主植物的棉铃虫对溴氰菊酯的敏感性是不同的，其顺序为番茄＞扁豆角＞棉蕾＞人工饲料＞未知寄主植物。其中，对溴氰菊酯的敏感性最弱的棉铃虫群体 LC_{50} 数值是敏感性最强的棉铃虫群体 LC_{50} 数值的 162 倍。说明寄主植物和棉铃虫对药剂敏感性反应之间存在着一定关系。所以学者们认为研究寄主植物对昆虫的诱导抗药性，不仅可以从理论上进一步指导害虫抗药性的形成机制和变化规律研究，更重要的在于人们可以依据寄主植物对害虫抗药性诱导作用的强弱，重新制定完善抗药性综合治理策略。如调整作物布局，完善耕作制度，减少或杜绝种植强抗性诱导作物，套种或间种能使害虫对药剂敏感性增强的寄主植物，并对其害虫不施药防治，使其作为敏感个体的避难所，从而使作物上的抗性群体不断得到稀释，使害虫始终处于一个对药剂相对敏感的水平。

综上所述，将各种防治措施有机地结起来，降低农药对有害生物的选择压，尽可能多地保存敏感个体和害虫天敌，利用敏感个体的反选择作用，有害生物抗药性的产生和发展是可以被延缓的。而积极换用新农药品种、使用有增效作用的复配农药和利用负交互抗性，则可以提高药剂防治的效果。

　　最后，在农药使用所带来的问题中，抗药性的产生是不容忽视的问题。生产实际中正是由于有害生物抗药性不断增强，才使得人们不断地增加农药使用量，于是直接或间接导致了严重的后果。所以，在农业研究中，对有害生物抗药性的研究治理是一项极其重要的基础工作。抗性治理不仅仅是药剂混用、轮换使用或停用，最主要的是制定合理的用药方案，采取合理的使用方法，一定要弄清楚重要害虫的抗性发生发展规律，建立准确的预测预报技术和抗性风险分析方案及合理的治理方法，从源头上降低抗药性产生，从而取得最佳的经济效益、环境效益和社会效益。

大面积发展有机农业不现实

杨理健　董秀霞

　　有机食品主要是国际上对无污染天然食品的统一提法，通常来自有机农业生产体系，根据国际有机农业生产要求和标准生产加工，主要标志是几年不使用化肥、农药等化学投入品而生产出的食用产品。

一、有机农产品假冒的不少

　　有机食品在生产和加工过程中必须严格遵循有机食品生产、采集、加工、包装、储藏和运输标准，禁止使用化学合成的农药、化肥、激素、抗生素和食品添加剂等，禁止使用基因工程技术及该技术的产物及其衍生物，3 年不能在土壤中使用化学投入品。所以，生产条件要求高，实际中很难生产出真正的有机农产品。随着化学投入品的应用，土壤污染、农产品农药残留、农作物对化肥和农药的依赖性增大，同时农产品质量安全也受到社会的关注。中国农产品已经由数量增长满足人们吃饱向质量不断提高，满足人们不仅吃饱而且吃好的方向发展。这样，有机农产品应运而生，提供不施用化学投入品的高价农产品。于是，市场上1 千克大米卖 100 元、1 千克番茄卖 30 元、1 千克韭菜卖 150 元已经不是新鲜事。这些商品都有个共同特征，包装上注明了"有机认证"。但是，所谓的有机食品真的名副其实吗？中央电视台《焦点访谈》几次报道有机农产品造假问题。目前，有机农产品还处于起步阶段，认证单位多，监管缺失，在当今以追逐效益为目的情况下，又缺乏信誉、诚信的保证，有机食品的真实性就难以确认，难免出现冒充有机农产品的现象。

二、有机食品不是我国农业发展的主要目标

有机农产品成本高、产量低、价格贵，不能满足我国 14 亿人民的需要，只能供给高消费人群。现代农业通过化肥、农药等化学投入品的使用，提高了单位面积产量，改善了品质，改变了外观，实现了农产品的高产、高效、优质，满足了人民日益增长的农产品需要。更重要的是除草剂的应用，解放了大批农村劳动力，促使农民得以进城打工。可以说，在现阶段，化肥、农药的使用，是保证农产品高产的主要措施，设想不用化学投入品，我们的农产品至少减收一半以上，而且质量还不一定就好，品种更

加单一，其结果不堪设想。而且，以现在的种植水平和品种，难以做到完全不使用农药生产优质农产品，这也不是现代农业发展的方向。

三、有机农产品不一定优质高效

笔者采访了昌乐康发瓜菜专业合作社经理郑玉堂，他介绍他从 2009 年开始做有机蔬菜，在北京一个认证机构办的有机食品认证，花了近 2 万元，认证机构没有技术培训，只发一个文件、证书。他搞了 100 多亩的高标准设施栽培，另外 200 多亩大田栽培，种植番茄、黄瓜，严格不使用任何化肥、农药。其结果病虫害上来了压不下去，部分绝产。有几十亩好不容易栽培成功，但是品质差，外观不漂亮，卖不出钱。最后 2 年下来赔了 200 多万元。据他说，现在市场上卖的有机农产品，90％是虚假的，他的种植经验是：现在的品种栽培已经适应化肥、农药，不使用化肥、农药一般不能收获，就是收获的产品外观、品质也不好；病虫害上来后，不打农药压不下去，势必为了减少损失还要使用农药，其产品还是以有机食品出售，结果土壤已经被污染，下季生产的蔬菜就不是有机的了。他的建议还是生产绿色食品，他现在推广秸秆生物反应堆技术生产蔬菜，2018 年他搞了 100 多亩，生产的蔬菜高产、优质、味道好、增收，栽培基本能接近有机食品的要求。

四、大面积发展绿色食品和无公害食品更适合我国国情

目前，我国农业农村部门在推行绿色食品和无公害食品。无公害食品是按照无公害食品生产技术标准和要求生产的、符合通用卫生标准并经有关部门认定的安全食品。严格来讲，无公害食品应当是普通食品都应当达到的一种基本要求。绿色食品是我国农业部门在 20 世纪 90 年代初发展的一种食品，生产中允许限量使用化学合成生产资料，从本质上来讲，绿色食品是从普通食品向有机食品发展的一种过渡产品。无公害食品、绿色食品由农业行政主管部门统一检测管理，有比较严格的审批监管程序，绿色食品虽然允许使用化学投入品，但是按照标准使用，严格控制采收间隔期，结果生产的农产品农药残留不能超标，对人的身体没有影响。与此同时，还对生产农业生产资料的企业颁发绿色农资生产企业证书，他们的产品供给绿色食品生产基地使用。只有这样，我们才能发展高产、优质、高效、安全的农产品，满足社会和人民日益增长的需要。

五、不要盲目热炒有机农业

有的地方提出全县 3～5 年实现农产品有机化的目标，有的县要几十万亩蔬菜、果品都要求做到有机农产品，这就有点显得草率，其实也是不可能的。试问，这些地方还有粮食作物和林业吗？害虫、细菌、真菌、老鼠等都能被生物农药消灭吗？都是人工除草吗？

六、农业的未来是绿色农业

生产的农产品要做到绿色、优质、有特色，在使用农药化肥时，要做到减量，精确投放。而不使用农药，病菌附着在农产品上，产生毒素，不利于人的健康；不使用化肥，有机肥不能完全替代，而且有机肥处理不好，重金属超标、有害病菌残留，也会影响农产品质量安全。所以，建立统一的绿色农产品标准、认证和标识体系，是推动绿色低碳循环发展、培育绿色农产品市场的必然要求，是加强供给侧结构性改革、提升绿色农产品供给质量和效率的重要举措，是引领绿色消费、保障和改善民生的有效途径。要传播绿色发展理念，引导绿色生活方式，维护公众的绿色消费知情权、参与权、选择权和监督权。

农药科普专家谈 | 下篇

农药应用技术

新型农药喷雾机和应用技术

林彦茹

近年来，山东省各级植保部门高度重视新型农药喷雾机的引进试验、示范和推广工作，早在 2009 年通过"中央粮食现代农业"和 2012 年以来通过"省农业病虫害专业化统防统治能力建设示范"等项目批量采购新型农药喷雾机，随之开展了大量的试验示范，带动了全省普及推广应用。在 2013 年召开的全省植保无人机应用技术研讨会上，与会专家一致认为，在当前农业经营方式和耕作模式下，植保无人机很好地解决了大型地面药械农机农艺不配套、载人飞机作业障碍物较多等问题，将成为植保机械化发展的新方向；确定了植保无人机等新型农药喷雾机在农作物病虫防治中的效果和应用地位。我们现在的农药利用率才 36.5%，也就是

農 \ 藥 \ 科 \ 普 \ 專 \ 家 \ 談

接近 2/3 的农药使用后流失到土壤里，污染环境。农业农村部实行
农药使用量零增长行动，推行现代新型施药机械是关键，不但可以
提高防效，而且还可以提高农药利用率。通过多年的政策、项目、
资金和宣传等全方位扶持推广，植保无人机等新型农药喷雾机械在
山东省农作物病虫害防治中发挥了巨大作用。

一、山东省小麦、玉米大田作物使用的新型农药喷雾机

（一）喷杆式喷雾机

1. 适用范围　喷杆式喷雾机是装有横喷杆或竖喷杆的一种
液力喷雾机。近年来，作为大田作物高效、高质量喷洒农药的机
具，深受我国广大农民的青睐。该机具可广泛用于大豆、小麦、
玉米和棉花等农作物的播前、苗前土壤处理以及作物生长前期灭
草及病虫害防治。装有吊杆的喷杆式喷雾机与高地隙拖拉机配套
使用可进行诸如棉花、玉米等作物生长中后期病虫害防治。该类
机具的特点是生产效率高，喷洒质量好，是一种理想的大田作物
用大型植保机具。

2. 喷杆式喷雾机种类　喷杆式喷雾机的种类很多，可分为
下列几种。

（1）按喷杆的形式分三类。

①横喷杆式喷雾机，喷杆水平配置，喷头直接装在喷杆下
面，是常用的机型。

②吊杆式喷雾机，在横喷杆下面平行地垂吊着若干根竖喷
杆。作业时，横喷杆和竖喷杆上的喷头对作物形成"门"字形喷

雾，使作物的叶面、叶背等处能较均匀地被雾滴覆盖。主要用于棉花等作物的生长中后期喷洒杀虫剂、杀菌剂等。

③气袋式喷雾机，在喷杆上方装有一条气袋，有一台风机往气袋中供气，气袋上正对每个喷头的位置都有一个出气孔。作业时，喷头喷出的雾滴与从气袋出气孔排出的气流相撞击，形成二次雾化并在气流的作用下吹向作物。同时，气流对作物枝叶有翻动作用，有利于雾滴在叶丛中穿透及在叶背、叶面上均匀附着。主要用于对棉花等作物喷施杀虫剂。这是一种较新型的喷雾机，我国目前正处在研制阶段。

（2）按与拖拉机的连接方式分三类。

①悬挂式喷雾机，通过拖拉机三点悬挂装置与拖拉机相连接。

②固定式喷雾机，各部件分别固定地装在拖拉机上。

③牵引式喷雾机，自身带有底盘和行走轮，通过牵引杆与拖拉机相连接。

（3）按机具作业幅宽分三类。

①大型喷幅，在 18 米以上，主要与功率为 36.7 千瓦（50马力）以上的拖拉机配套作业。大型喷杆式喷雾机大多为牵引式。

②中型喷幅，为 10～18 米，主要与功率为 20～36.7 千瓦（30～50 马力）的拖拉机配套作业。

③小型喷幅，为 10 米以下，配套动力多为小四轮拖拉机和手扶拖拉机。

3. 结构与工作原理

（1）结构。喷杆喷雾机的主要工作部件包括液泵、药液箱、喷头、过滤器、喷杆桁架机构、操作控制部件和搅拌器等。

（2）工作原理。喷雾机工作时由拖拉机动力驱动液泵，将药液从药箱经过滤器吸入液泵内，加压后进入管路控制器，分别送入喷杆、搅拌管路，进入喷杆的药液经防滴阀、过滤网由喷头雾化后喷出。调节压力，可调节回液搅拌流量及达到正常工作压力，工作压力从压力表读出。

（二）自走式喷杆喷雾机

1. 适用范围　农机植保机械 1000～2000 型系列喷雾机，喷药、施肥多用途产品，广泛适应农场、合作社、家庭农场和农机专业户，深受广大用户欢迎。可对各种农作物进行早、中、晚期病虫害化控药剂的喷洒作业。特别是彻底解决了大豆、棉花、玉米、烟草、高粱和甘蔗等高秆作物后期的喷药作业问题。可对各种高度的农作物进行全程喷施作业，彻底解决地隙问题的困扰，突破传统方式，是目前真正意义的现代化通用型高地隙机型。该机型重点解决高秆作物中后期拖拉机无法进地，无法化控防病灭虫等难题。可用于粮食作物、经济作物、草原和茶叶的叶面施肥，防疫病虫作业。

2. 自走式喷杆喷雾机种类　自走式喷杆喷雾机主要分为自走式旱田作物喷杆喷雾机、自走式高秆作物喷杆喷雾机、自走式水旱作物喷杆喷雾机和自走式风幕喷杆喷雾机四类。自走式风幕喷杆喷雾机即在喷杆喷雾机的喷头上增加风筒和风机。喷雾在喷头上方，沿喷雾方向强制送风，形成风幕。这样不仅增大了雾滴的穿透力，而且在有风（小于四级）的天气下工作，也不会发生雾滴飘移现象。

3. 主要特点

（1）动力与机身一体，地隙范围可调，可实现对高、中、低农作物的喷洒作业；轮距可调，适应不同的行距，减少作业损苗；喷杆高度可调，适应范围极大。

（2）驾驶室采用液压升降人性化设计，可调 0.7～2.8 米，视野宽阔，方便舒适。全封闭结构彻底解决对喷施操作者的毒害问题。四轮液压马达独立控制，转弯半径小，机动灵活，适合转场作业，工作效率高。

（3）整机全液压集中控制设计，先进的轴向柱塞式双联泵，四行走马达闭式静液压驱动，先进的控制方式，充分实现四轮驱动，无级变速，可适用复杂路况。现代化的液压控制系统，避免机械传动的高故障率，整机性能可靠，维护简便成本低。

（4）加装去顶器进行玉米除雄去顶作业。

4. 工作原理　将发动机经过皮带轮将动力传输到变速箱，变速箱输出动力分两部分：一部分经行走箱将动力传到前轮供行走驱动；另一部分通过传动轴驱动液泵，将药液从药箱经过滤器吸入液泵内，加压后经调压阀进入分水器，分别送入三段喷杆及回液管，进入喷杆的药液经防滴阀、过滤网，由喷头雾化后喷出。调节调压阀开度，可调节回液搅拌流量及达到正常工作压力，工作压力从分水器上压力表读出。

（三）风送式高效远程喷雾机

1. 适用范围　风送式高效远程喷雾机与 44.76～59.68 千瓦拖拉机配套使用，主要用于对大田农作物如玉米、小麦和大豆等喷施化学除草剂、杀虫剂和液态肥料。喷洒系统由 1 个远程喷射口和 1 个近程喷射口组成，近程喷射口喷射方向斜向下。喷射系统可以向左右 180°摆动和上下 90°摆动。机器喷洒时，有效喷洒距离为 40 米，此时效果最佳。喷射口的转动通过液压系统来完成，用四根液压管连接拖拉机液压系统和喷雾机液压系统，分别控制上下移动和左右移动。可用于蝗虫、草地螟等重大病虫应急防治。

2. 工作原理　由拖拉机驱动液泵，将药液从药箱经过滤网吸入液泵内，加压后进入控制阀，分别送入喷管、回液管，进入喷管的药液经喷头雾化后喷出。调节控制阀上部调压阀开度，可调节回液搅拌流量及达到正常工作压力。同时拖拉机驱动风机旋转，雾化的药液被高速气流吹向远方。

（四）植保无人机

1. 适用范围　植保无人机也叫农业遥控飞行器，是用于农林植物保护作业的无人驾驶飞机，改型飞机有飞行平台（固定翼、单旋翼、多旋翼）、GPS 飞控和喷洒机构三部分组成，通过地面遥控或 GPS 飞控，来实现喷洒药剂作业，还可以喷洒种子等。无人机体型小巧而功能强大，可负载 5～30 千克药液，低空喷洒农药，每分钟可完成 1 亩地的作业，其喷洒效率是传统人工的 30 倍。由于植保无人机可有效解决地面大型植保机械作物生长后期进地难等问题，使其应用范围广，推广速度快。

2. 特点　具有作业高度低，飘移少，可空中悬停，不需专用起降机场，旋翼产生的向下气流有助于增加雾流对作物的穿透性，防治效果高，远距离遥控操作，喷洒作业人员避免了暴露于农药的危险，提高了喷洒作业安全性等诸多优点。还能采用智能操控，操作手通过地面遥控器及 GPS 定位对其实施控制，通过搭载视频器件，对农业病虫害等进行实时监控。

3. 类型 目前面世的植保无人机分为油动与电动两种，以多旋翼、载重量 20 升以下机型为主。按旋翼类型，植保无人机可分为固定翼、单旋翼和多旋翼植保无人机，其中主要以多旋翼植保无人机为主，占 77.14%，主要原因是飞行平稳，电机自重与载重比高，单机药液提升重；按药箱容量，植保无人机主要有 10 升、18 升、20 升和 20 升以上等几个种类，其中以载重量 20 升以下的植保无人机为主，占总量的 90.48%。

4. 工作原理 植保无人机飞行动力主要是靠发动机动力带动主螺旋桨旋转，对空气施加向下的压力，然后靠着反冲力上升。螺旋桨叶片有一个倾斜的角度，旋转的时候带动空气运动，导致上下的气流速度不一样，从而产生压差。同时旋翼产生的向下气流有助于增加雾流对作物的穿透性，提高防治效果。

二、喷雾施药技术

（一）喷杆式喷雾机

1. 设计喷雾量 喷洒除草剂，苗前 180～200 升/公顷，苗后 100 升/公顷。

（1）苗前选用 TP11003 或 TP11004 型号 110°扇形喷嘴，配 50 目过滤器，压力 0.2～0.3 兆帕，5°～10°偏转角，避免相邻喷头的喷雾面互相干涉。一般国产喷头需要调整，进口喷头只要保证防滴装置方向一致即可。

（2）苗后选用 TP80015 型号 60°～80°扇形喷嘴，配 100 目过滤器，压力 0.3～0.4 兆帕。

2. 选择拖拉机行走速度　一般 6～10 千米/时。

3. 药剂配制　计算好用药量后进行药剂配制，药箱加半箱水，再加入药液搅拌，加满水搅拌。

4. 操作注意事项　作业时应注意各种障碍物，防止撞坏喷杆。道路不平严禁高速行驶。

（二）自走式喷杆喷雾机

1. 设置喷药作业所需的参数　喷雾参数的设置与喷雾机行驶速度、单位面积的药液喷施量（根据药剂的使用说明进行确定）及使用的喷嘴型号有关，喷雾机行驶速度要根据作业的地面地形条件进行调整。

2. 加水　可通过送水车给机具的药液箱加水至额定容量，或将机具开到距作业地点最近的水源处，用小型汽油机离心泵机组给药液箱加水。

3. 加药　向药液箱加水后，关闭喷雾总开关，向药液箱内按农药的使用浓度加入相应比例的农药，然后通过机具液流系统内循环将药液箱中的药液充分进行搅拌。当采用小型汽油机离心泵机组给药液箱加水时，可在加水的同时，向药液箱内加入农药，这样在加水过程中即可完成药液搅拌。

4. 加水、加药后　分离动力输出轴，将机具开到作业现场，停在第一作业行程的起点处，将喷杆桁架展开至作业状态，下降到作业高度。

5. 确定作业速度　选好行进挡位后，接合分动箱，使变速箱同时驱动输液泵和液压齿轮泵运转，并打开液压驱动控制阀，使液压马达驱动轴流风机运转，然后松开离合器，并迅速打开喷雾总开关，加大油门，使机具进行喷雾作业。

6. 喷雾注意事项　地头转弯时如不需要喷药，驾驶员应及时关闭喷雾总开关以节省农药。转入第二行程作业前，驾驶员应及时打开喷雾总开关；由上一行程转入下一行程作业时，驾驶员应注意对准交接行，以防止漏喷或重喷；当药液箱内的药液接近喷完时，驾驶员应及时分离动力输出轴，并将机具转为运输状态，然后将机组开赴加水处，重新加水、配药，以便继续作业。

7. 限压安全阀限定压力的调整　限压安全阀已在出厂前调整好，用户一般不需自行调整。如果用户在使用过程中发现喷雾压力过高（超过 0.6 兆帕）或较低（低于 0.5 兆帕）时，则可按说明书进行调整。

8. 喷嘴的调换　当需更换不同喷雾量的喷嘴时，把喷头帽组件从喷雾机上卸下来，取出喷头密封圈，把现有喷嘴换成选定喷嘴，然后装上喷头密封圈，把喷头帽组件装到喷头体上即可。

（三）风送式高效远程喷雾机

1. 使用前检查　观察泵和减速器上的润滑油的液面是否在正确的位置，同时察看是否有杂质或沉淀。检查各个过滤器是否清洗干净，如果存在污垢，将影响机器的正常运行，而且还会增加喷头的压力。液压油输送管不能太短，更不能碰到传动轴。检查各个紧固管子的喉箍是否松动。

2. 作业　风机离合器操纵手柄处于"离"的位置，药箱内加入半箱水，再加入农药，然后加满水。关闭控制阀管路开关，将调压手柄旋松。启动拖拉机，搅拌约 10 分钟。

田间工作时，在拖拉机发动机静止状态，将风机从封锁状态调到运行状态。启动拖拉机时，使输出轴的转速逐渐提升，慢慢达到机器所需要的转速，不可以直接使用最大转速。

启动机器，打开管路阀门，并将压力阀调整到工作压力。根据实际需要调节压力阀，正确的压力为 0.5～1 兆帕。注意：在进行转动喷射口的作业中，周围禁止站人，避免碰伤！

3. 工作完毕　旋松调压手柄，切断后输出轴动力，关闭管路阀门。喷洒作业结束，向药箱内加入 200 升左右清水（或者使用清洗机器的容器，选配件）。通过泵使水在机器内循环，达到清洗机器的目的。如果需要继续喷洒作业，则可以回收这些清洗液进行新一轮喷洒作业。如果配有清洗机器的容器，则通过过滤器上的转换开关，将清水引入药箱内，也可完成清洗工作。

（四）植保无人机

1. 启动前

（1）检测发射机、接收机电池电压是否有足够的电量，以达到需要的工作时间。

（2）检查整机的螺丝松紧度。

（3）检查整机轴承的润滑程度。

（4）检查球头是否松动，球头扣使用是否松弛。

（5）检查主传动皮带有无松弛、破损。

（6）检查三个轴系的润滑程度，主旋头、稳定翼是否有松动。

（7）检查起落架、支撑杆是否松动。

（8）检查喷洒系统、药泵、药箱和喷管是否有堵漏现象。

（9）主控检查伺服舵机、方向、倾斜盘和陀螺是否工作正常。

（10）检查伺服舵机给舵量是否一致，有无虚位、延迟现象。

（11）检查主、尾旋翼的松紧度。

（12）做好飞行前的准备工作。避开周围障碍物、撤离围观人群，设定安全警戒线。工作人员以插旗的方式做出喷洒飞行范围的标记。

（13）启动前主控手应进行试舵，并确认陀螺锁尾，查看电量。

（14）启动中应注意紧握螺旋桨，启动人员不管在进行加注农药操作或启动操作前，都要在得到主控手的确认后方可进行。握桨人员应得到主控手确认后迅速撤离。

2. 飞行作业中

（1）主控手应保证飞行安全，以及飞机姿态的平稳，高度一致、直线飞行，速度保持匀速。在飞行过程中随时注意飞机性能，若发现异常，及时通知清场降落。

（2）机械师在飞行中随时观察飞机的性能（若发现有或感觉飞机工作异常，马上通知组长与主控手，及时清场降落）。

（3）组长做好对现场的指挥工作，监督并了解每个人员的情况，随时合理调整喷洒计划，确保任务按时按量优质完成。

3. 作业完毕

（1）清理现场、清点工具，检查设备物品的返回情况，清洗飞机，装车返回驻地，保证人员及设备安全。

（2）结束任务返回基地，做入库交接程序。清点设备器材的使用情况。如有损坏需要更换或修复的部件及时处理，以备下次使用。

韭蛆的发生与绿色防控

吴亚玉

　　韭菜属于百合科植物，为连续生长型蔬菜，抗寒耐热，适应性很强，全国各地都适合种植。韭菜味道鲜美，营养丰富，含有蛋白质、维生素 B、维生素 C 等多种营养物质，既是北方包饺子的主料，也是制作菜肴的提味品，更是节日必备的蔬菜。同时，韭菜还是一种好药材，通常被称为"壮阳草"和"洗肠草"，具有健胃、壮阳、提神和消炎等功效。

　　山东省是我国韭菜种植的主产区，露地和设施栽培的类型多，韭蛆发生重，防治难度大。为保障韭菜的安全生产，指导农民科学控制韭蛆，近年来，山东省农药检定所组织有关单位和企业开展韭蛆防治用药的新产品登记和田间药效试验工作，并在此基础上根据生产需要提出了韭蛆的绿色防控技术。

一、韭蛆形态与危害

韭菜韭蛆的学名称为韭菜迟眼蕈（xùn）蚊（*Bradysia odoriphaga* Yang et Zhang），成虫是一种黑色的小蚊子，体长约2.5毫米。成虫产卵于韭菜根颈周围的土壤内，孵化的幼虫为蛆，是为害韭菜的虫态。韭蛆群聚、钻蛀在韭菜地下部的鳞茎和柔嫩的茎部为害，引起幼茎腐烂，使韭菜叶枯黄、腐烂，严重者导致韭菜整株、整墩死亡。幼虫发育成熟后在土中化蛹，而后再羽化为成虫。

二、韭蛆发生规律与特点

韭蛆在山东露地一般一年发生5～6代，以大龄幼虫在鳞茎处越冬，为害高峰为4月中旬至6月上旬和9月中旬至10月中旬。冬季设施栽培韭菜，盖膜后原来进入越冬状态的幼虫恢复活动，很快进入幼虫为害盛期，小拱棚条件下能完成1代。成虫喜欢阴湿，畏光怕干，能飞善走，常栖息在韭菜根周围的土块缝隙间。露地栽培的韭菜田，韭蛆幼虫多分布于距地面2～3厘米处的土中，最深一般不超过6厘米。土壤湿度是韭蛆发生的重要影响因素，施用有机肥有利于其发生。露地栽培韭菜在4月上旬至5月中旬和9月中旬至10月中旬，以及设施栽培韭菜在秋季拱棚盖膜前，都是选用高效、低毒和环境友好药剂防治韭蛆的关键时期。

三、绿色防控技术

（一）农业措施

轮作换茬，一般 3～4 年，将韭菜与其他非韭蛆的寄主植物轮作一次。

合理种植，改善田间通风透光条件，控制土壤湿度。韭菜种植适当加宽行距，可提高通风透光率，及时搂划土表，能降低土表湿度；合理控水，晒土晒根，都能减轻韭蛆的发生与为害。

（二）黄板诱集成虫

在成虫发生期，放置黄色粘虫板，每 20～25 米^2 放置 1 张，平放在地上或低位置竖放。当黄板表面粘满韭蛆成虫时，及时更换新的黄色粘虫板。在设施栽培棚室中用粘虫板诱杀成虫效果更好。

（三）防治成虫

在成虫羽化盛期，选择具有熏杀和触杀作用强，且低毒、低残留的杀虫剂，于上午 9：00～10：00 成虫活动旺盛时进行喷雾，以杀死成虫。韭菜收割后喷雾防治成虫效果较好；设施棚室防治成虫可使用熏蒸性强的高效低毒药剂。可选用 4.5％高效氯氰菊酯乳油 10～20 毫升/亩。

（四）防治幼虫

在幼虫发生期，采用药剂根部处理，可用 2％吡虫啉颗粒剂 1 000～1 500 克/亩混土撒施；10％吡虫啉可湿性粉剂 200～300 克/亩或 50 克/升氟啶脲乳油 200～300 克/亩药土法使用；70％ 辛硫磷乳油 350～550 毫升/亩灌根使用等，具体见表 1。

其中，药土法是指韭菜收割后第 2～3 天，将药剂加适量细土（30～40 千克/亩）混匀，顺垄撒施于韭菜根部，然后进行浇水。灌根是指发现韭菜叶尖发黄、植株零星倒伏时，用卸去喷片的手动喷雾器将药液顺垄喷入韭菜根部，水量依土壤墒情而定，多为 100 千克/亩。

使用上述药剂的安全间隔期为 10～17 天（表 1），即最后一次施药后按照不同药剂的安全间隔期收割韭菜，韭菜中的农药残留完全符合国家农药残留限量标准的要求。

表 1 韭菜韭蛆推荐用药

序号	作物	防治对象	含量	农药名称	剂型	使用方法	制剂使用量	安全间隔期	施药时间及方法
1	韭菜	韭菜迟眼蕈蚊（韭蛆成虫）	4.5%	高效氯氟氰菊酯	乳油	喷雾	10~20毫升/亩	安全间隔期为10天，每季作物最多使用2次	韭菜迟眼蕈蚊初发期
2	韭菜	韭蛆	150亿孢子/克	球孢白僵菌	颗粒剂	撒施	250~300克/亩	/	在韭蛆低龄幼虫盛发期施药，即韭菜叶尖开始发黄而变软，并逐渐向地面倒伏时
3	韭菜	韭蛆	35%	辛硫磷	微囊悬浮剂	灌根	500~700毫升/亩	安全间隔期为17天，每季作物最多使用1次	发现韭菜叶尖发黄、植株零星倒伏时，用卸去喷片的手动喷雾器将药液顺垄喷入韭菜根部；也可以随灌溉水施药

（续）

序号	作物	防治对象	含量	农药名称	剂型	使用方法	制剂使用量	安全间隔期	施药时间及方法
4	韭菜	韭蛆	70%	辛硫磷	乳油	灌根	350~550毫升/亩	安全间隔期为14天，每季作物最多使用1次	发现韭菜叶尖发黄、植株零星倒伏时，用卸去喷片的手动喷雾器将药液顺垄喷入韭菜根部，也可以随灌溉水施药
5	韭菜	韭蛆	50克/升	氟啶脲	乳油	药土法	200~300毫升/亩	安全间隔期为14天，每季作物最多使用1次	于上茬韭菜收割后，第二天，每亩与细沙土30千克搅拌均匀，顺韭菜垄均匀撒施于土表，随后顺垄浇水即可

（续）

序号	作物	防治对象	含量	农药名称	剂型	使用方法	制剂使用量	安全间隔期	施药时间及方法
6	韭菜	韭蛆	10%	吡虫啉	可湿性粉剂	药土法	200~300克/亩	安全间隔期为14天、每季最多使用1次	于上茬韭菜收割后，第二天，每亩与细沙土30千克搅拌均匀，顺韭菜垄均匀撒施干土表，随后顺垄浇水即可
7	韭菜	韭蛆	20%	吡虫啉	可湿性粉剂	药土法	100~150克/亩	安全间隔期为14天、每季作物最多使用1次	于上茬韭菜收割后，第二天，每亩与细沙土30千克搅拌均匀，顺韭菜垄均匀撒施干土表，随后顺垄浇水即可

（续）

序号	作物	防治对象	含量	农药名称	剂型	使用方法	制剂使用量	安全间隔期	施药时间及方法
8	韭菜	韭蛆	50%	吡虫啉	可湿性粉剂	药土法	40~60克/亩	安全间隔期为14天，每季作物最多使用1次	于上茬韭菜收割后，第二天，每亩与细沙土30千克搅拌均匀，顺韭菜垄均匀撒施于土表，随后顺垄浇水即可
9	韭菜	韭蛆	70%	吡虫啉	可湿性粉剂	药土法	29~42克/亩	安全间隔期为14天，每季作物最多使用1次	于上茬韭菜收割后，第二天，每亩与细沙土30千克搅拌均匀，顺韭菜垄均匀撒施于土表，随后顺垄浇水即可

（续）

序号	作物	防治对象	含量	农药名称	剂型	使用方法	制剂使用量	安全间隔期	施药时间及方法
10	韭菜	韭蛆	25%	吡虫啉	可湿性粉剂	药土法	80～120克/亩	安全间隔期为14天、每季作物最多使用1次	于上茬韭菜收割后、第二天，每亩与细沙土30千克搅拌均匀，顺韭菜垄均匀撒施于土表、随后顺垄浇水即可
11	韭菜	韭蛆	2%	吡虫啉	颗粒剂	撒施	1 000～1 500克/亩	安全间隔期为14天、每季作物最多使用1次	在韭菜韭蛆发生初期施药、按登记剂量拌细沙撒施于沟内、撒施后立即覆土

（续）

序号	作物	防治对象	含量	农药名称	剂型	使用方法	制剂使用量	安全间隔期	施药时间及方法
12	韭菜	韭蛆	20%	吡虫·辛硫磷	乳油	灌根	500~750克/亩	安全间隔期为10天，最多施药次数2次，施药间隔7天	将所需的本品药液倒入容器内，然后按用药量500~750克/亩兑水稀释，搅拌均匀；稀释后的药液浇灌作物根部；也可视土壤墒情来确定用水量

韭菜主要病虫害防治用药和
韭菜可追溯管理

杨理健　金岩

　　韭菜是我国北方人民喜爱的蔬菜，曾经由于"毒韭菜"事件使人们对韭菜望而生畏。山东韭菜种植面积约为 80 万亩，韭菜韭蛆发生面积为 70 万亩左右。山东韭菜栽培方式有露地栽培、小拱棚栽培和大棚栽培。

一、韭菜的主要病虫害及防治

（一）韭蛆

韭菜迟眼蕈蚊（*Bradysia odoriphaga* Yang et Zhang），又叫韭蛆，属双翅目眼蕈蚊科。在韭菜产区普遍发生，为害严重。幼虫积聚于韭菜地下部分为害，钻食假茎和鳞茎，致使韭菜叶萎蔫断叶或枯黄而死，重者鳞茎腐烂，整墩成片死亡。韭蛆在山东露地一般一年发生 5～6 代，以大龄幼虫在鳞茎处越冬，为害高峰为 4 月中旬至 6 月上旬、9 月中旬至 10 月中旬。冬季设施栽培韭菜，盖膜后原进入越冬状态的幼虫恢复活动，很快进入幼虫为害盛期，小拱棚条件下能完成 1 代。成虫喜阴湿，畏光、怕干，能飞善走，十分活泼，常栖息在韭菜根周围的土块缝隙间。露地栽培的韭菜田，韭蛆幼虫多分布于距地面 2～3 厘米处的土中，最深一般不超过 6 厘米。土壤湿度是韭蛆发生的重要影响因素，施用有机肥有利于其发生。露地栽培韭菜春季 4 月上旬至 5 月中旬，秋季 9 月中旬至 10 月中旬，设施栽培韭菜在秋季拱棚盖膜前，都是选用高效、低毒和环境友好药剂防治韭蛆的关键时期。

韭菜刚刚收割后，因韭菜散发出一种浓郁的韭菜味，容易引来成虫产卵，所以物理防治切断成虫产卵是很好的办法。

1. 比较好的"日晒高温覆膜法" 韭菜收割后，立即在韭菜畦面上覆盖塑料薄膜 3～5 天，待韭菜伤口愈合，气味消失后，再揭掉薄膜。

2. 冬灌或春灌减少幼虫数量　早春及秋季韭蛆幼虫发生时，连续灌水 3 次，灌水以淹没垄背为准，使部分韭蛆窒息死亡。但是注意在 4 月中旬至 5 月底不要浇水，要养根。有条件的菜农还可以使用沼液防治。早春及秋季韭蛆幼虫发生时，每茬韭菜割完后，用沼液灌根，既可以杀死韭蛆又增施有机肥。

3. 实行轮作倒茬　一般 3～4 年，韭菜与其他非韭蛆的寄主植物轮作一次。葱、蒜、韭菜类蔬菜发生的病虫害相似，容易相互侵染，所以韭菜播种或移栽时，前茬若是葱、蒜类蔬菜，则地下害虫尤其是韭蛆多，同时也会使菌源累积，加重病害发生，必然造成韭菜出苗较低，生长势差。因此要尽可能将韭菜（包括葱、蒜类）与其他蔬菜进行轮作，轮作年限应在 3 年以上。

4. 物理防治

（1）使用防虫网，在设施栽培韭菜时，使用防虫网在成虫产卵季节对韭菜生产田块进行隔离防止韭蛆成虫侵害，同样可以防止韭蛆的为害。

（2）黄板诱集成虫，在成虫发生期，放置黄色粘虫板，每 20～25 米^2 放置 1 张，平放在地上或低位置竖放。

5. 其他防治办法

（1）表土翻晒防治。韭菜萌发前，起出韭畦的表土翻晒并晒根，经 5～6 天可使幼虫死亡。

（2）沟施草木灰防治。覆土前沟施草木灰，用铁锄在韭菜地里犁出一道深 5～10 厘米的沟，沟里撒上草木灰，用土把沟和草木灰盖住，再给韭菜浇一遍水，不但地里不长地蛆，还会给韭菜增加肥料，一举多得。

（3）施用碳酸氢铵防治。收割韭菜以后，开沟施用碳酸氢铵，阻止成虫产卵，也有一定的防治效果。如莱芜明利合作社生产的韭菜，一年只收割两次，露地第一茬韭菜和春节前大棚韭菜（露地韭菜移栽到大棚），韭菜味道浓，价格很高，收割次数少，收割时间回避了成虫产卵，也减少了韭蛆发生为害。

（二）韭菜灰霉病

韭菜灰霉病俗称"白点病"，是韭菜上常见的病害之一，各菜区普遍发生。冬春低温、多雨年份为害严重。严重时常造成叶片枯死、腐烂，不能食用，直接影响产量。大棚种植就需要提高大棚温度，降低湿度等措施来控制病害。

二、韭菜登记农药

（一）韭蛆

山东省特色小宗作物有 100 多种，绝大多数没有登记农药可用。这就造成两个问题，一是农民滥用药，二是没有残留标准，不能判定农产品质量是否合格。为了加快特色小宗作物使用的农药登记，山东省财政厅每年安排资金 150 万元用于特色小宗作物的农药登记补贴，开展联合试验，促进农药残留风险比较大的用于防治韭菜、冬枣和生姜等作物病虫害的农药登记。根据农药电子手册查询结果，截至 2019 年年底，在韭菜上取得登记的单剂产品已有辛硫磷、吡虫啉、氟啶脲、高效氯氰菊酯、噻虫嗪、虱螨脲、氟铃脲、灭蝇胺、苦参碱和印楝素等。韭菜上有了一个完整的用药体系防治韭蛆。有防治成虫的高效氯氰菊酯，有生物农药苦参碱、印楝素，有速效性好的噻虫嗪、吡虫啉，也有持效性好的氟铃脲、氟啶脲，利于进行药剂组合，进行综合防治。

（二）韭菜灰霉病

韭菜灰霉病只有 15％腐霉利烟剂和 50％腐霉利可湿性粉剂进行了登记，容易引发滥用农药和农药残留超标等问题。

三、韭菜用药主要问题

当前，韭菜用药残留易超标，主要原因有以下几个方面。

（1）韭菜两次收获之间间隔时间太短，最短只有 20 天，一般登记农药安全间隔期 10～15 天，中间如果施药次数多，会导致下次收获残留超标。

（2）韭菜灰霉病等其他病虫害缺少"合法、合理"的防治药剂，农民滥用、加倍使用农药的情况比较常见。

（3）没有登记农药的残留标准，也就不能判定韭菜是否合格。

（4）有个别使用者在蔬菜上使用禁限用农药，如甲拌磷、涕灭威、水胺硫磷、克百威、氧乐果、乐果、毒死蜱和氟虫腈等，给消费者的身体健康造成重大损害。

（5）常规农药超标，如氯氟氰菊酯、啶虫脒、腐霉利、阿维菌素等。比较普遍的是腐霉利残留超标，腐霉利是一种的低毒性杀菌剂，可防治蔬菜灰霉病等病害，但其安全间隔期比较长，有的高达 30 天，使用不当就残留超标。

要做到放心食用韭菜，必须从制度上下功夫，全面实行二维码制度，做到生产的韭菜可追溯。按照分工，农业农村部门负责韭菜零售、批发、加工前的监管，按照农产品进行监管，管理农产品合格准出证。食品药品市场监管部门负责韭菜零售、批发、加工后的监管，按照食品进行监管，管理农产品进入市场的准入证。关键问题是这两证谁来发，怎么衔接，做到可追溯，找到农药残留超标的韭菜生产源头，让韭菜种植户知道怎么种植韭菜，不敢滥用农药，确保韭菜质量安全。

1. 韭菜"双证"制度

（1）韭菜产品合格证采取自检合格、委托检测合格、内部质量控制合格、自我承诺合格等四种形式之一作为开具依据。只要对外销售或直接供应使用单位的，都必须开具产品合格证。

（2）销售凭证由韭菜产品供货者或者进入市场销售者开具。一联作为韭菜产品销货凭证和销售记录，一联作为农贸市场、超市、便利店等其他食用农产品购买及销售者以及生产加工、餐饮服务等使用者的购货凭证和进货查验记录凭证。

（3）食品药品市场监管部门负责对留存韭菜产品合格证或市场销售凭证情况进行督导检查，督促落实主体责任，对有问题的韭菜产品进行处罚，并移交农业农村部门负责追溯种植源头，进行处理。应注意冒充别人韭菜产品、出了山东不需要合格证、农贸集市不出具合格证等问题。

2. 茌平全县实施韭菜二维码合格证制度 茌平县耕地面积 97 万亩，蔬菜种植面积 15 万亩左右，主要供应北京、济南等城市农产品市场。其中有韭菜 3 365 亩，年产 1 万吨左右，韭薹是当地的特色产业，有很高的品牌知名度。

（1）核定韭菜种植面积。农民种植韭菜需要到县农业局备案。

（2）县农业局发放相关韭菜种植技术标准与规范，加强技术指导培训。特别对韭蛆采取了收割后 2～3 天在韭菜根部撒草木灰、地膜覆盖防治措施，对农民使用高效、低毒杀虫剂（噻虫嗪）等进行补贴等措施。

（3）实行承诺制度。县农业局统一印制《韭菜安全生产承诺书》，韭菜种植户签字并按手印，一式三份，农户、乡镇政府、县农业局各保留一份。只有签订承诺书的农户，才能申请二维码合格证。

（4）免费编制发放二维码。农民按照发放的韭菜种植技术标准与规范进行种植与管理，收割前到村委会盖章、乡镇政府盖章，县农业局核对以后，统一编码，一户一组编码，包括农户的姓名、住址、电话、承诺方式和施药情况等信息，免费发给韭菜种植户。县财政每年补助 20 万元。经销商、消费者、监管人员通过扫描二维码即可了解韭菜生产信息，从而做到韭菜产品的全程可追溯管理。农业农村部门通过二维码合格证来监管韭菜种植户，指导农民科学种植韭菜。市场监管部门对销售无"二维码"和"双证"韭菜、韭薹产品行为依法查处。如果在北京市场发现韭菜农药残留超标，直接通过二维码找到种植者，每批次处罚 5 万元。这样，谁也不敢滥用农药，从而提高了生产者质量安全意识和韭菜质量安全水平。

大蒜病虫害绿色防控技术

高兴文　杨久涛

病虫害综合防控就是在农业生产过程中采用农业、物理、生物和化学等技术进行病虫害控制，达到减少农药使用量、降低农产品农药残留、全面提升农产品质量安全水平的目的。大蒜病虫害防治是确保大蒜正常生长，夺取丰收的关键，应引起高度重视，坚持"预防为主，综合防治"的植保方针，大力推广绿色防控技术，降低农药残留，达到优质、高产、高效的目的。大蒜病虫害综合防控技术主要抓好以下几方面。

一、农业防控

采取清洁田园、科学施肥灌水、加强中耕管理等农业技术措施，创造有利于大蒜生长，不利于病虫发生为害的生态环境条件，增强植株的抗病虫性，减轻为害。

大蒜蚜虫的农业防控 大蒜蚜虫对大蒜生长和品质具有较大影响，发生种类主要是桃蚜、葱蚜、豆蚜和萝卜蚜，均属同翅目蚜科。一般随气温升高为害加重，在气温较高的时候，繁殖迅速，用刺吸式口器吸食叶片汁液，使受害蒜叶轻的产生白点，重的造成蒜叶卷缩，为害严重的，还可能造成整个蒜叶干枯致死，蚜虫为害的同时还会传播大蒜花叶病毒，致使大蒜种性退化、减产。

防治大蒜蚜虫，要将其遏制在发生初期、有翅蚜迁飞扩散之前。对作物进行合理布局，大蒜田最好远离十字花科和茄科蔬菜及桃园等容易出现蚜虫的作物，最好与小麦、玉米间（套）作。在有翅蚜迁到桃树后，及时打落（或喷乙烯利、脱落酸等）树叶，减少越冬基数。在此期间要及时清除大蒜田杂草，减少蚜虫依附体。

二、物理防控

（1）利用频振式杀虫灯诱杀夜蛾类害虫成虫，每盏频振式杀虫灯可控制面积可达 30～50 亩。

（2）利用害虫的趋色习性来诱杀害虫，如用黄色粘虫板诱杀有翅蚜、斑潜蝇等害虫，利用蓝色粘虫板诱杀蓟马，每亩挂20～30块粘虫板，可有效控制虫害的发生。

三、药剂防控

科学合理使用农药，并遵循"严格、准确、适量"的原则，对症下药、交替使用农药；严格执行农药安全间隔期，禁止使用高毒高残留农药；采用新型施药器械，提高药液雾化效果，以达到减少农药用量、提高农药有效性的目的，提高防治效果。

1. 大蒜叶枯病的药剂防控 在大蒜生长前期，即幼苗期和花芽鳞芽分化期以前，用10％苯醚甲环唑水分散粒剂（制剂量30～60克/亩）或50％咪鲜胺锰盐可湿性粉剂（制剂量50～60克/亩）等药剂进行喷雾预防；发病初期选用10％苯醚甲环唑水分散粒剂（制剂量30～60克/亩）进行喷雾防治。

2. 蒜蛆的药剂防控 大蒜在播种之前，选择0.06％噻虫胺颗粒剂进行毒土处理，再进行播种，防治效果明显。播种后蒜田如若发生蛆害，可以用35％辛硫磷微囊悬浮剂（制剂量520～700毫升/亩）灌根防治。

番茄病虫害绿色防控技术

高中强　张卫华

按照"预防为主，综合防治"的植保方针，坚持以"农业防治、物理防治、生物防治为主，化学防治为辅"的综合防治原则，把番茄病虫害的防控策略由主要依赖化学防治向综合防治和绿色防控转变，注重生物防治和物理防治等非化学措施的应用。

一、清洁菜田，减少病原

许多的病原菌和害虫可以在田园的残株、落叶、杂草或土壤中越冬、越夏，度过不良环境。因此每次拉秧后都要彻底清园，将病残体带出田块；对于根部染病的病株，例如患根腐病、茎基腐病和根结线虫病，也要将根部带出田块，降低病原菌基数和虫口密度。此外要铲除田间及四周杂草，减少病虫中间寄主。

二、选用抗病、耐病品种

目前番茄基本上能周年栽培，不同的栽培茬口温湿度不同，对栽培品种的抗逆性要求不一样，越夏栽培要求耐热、抗病毒，越冬栽培要求耐低温弱光、抗枯萎，低温下番茄转色要好；同时不同的茬口主要病虫害种类不同，因此应根据不同的茬口和病虫害发生史选择不同的抗病、耐病品种。例如抗黄化曲叶病毒病和叶霉病的欧拉，抗黄化曲叶病毒病和枯萎病的浙粉 702 和金鹏 8 号，抗黄化曲叶病毒病和灰叶斑病的瑞星 5 号，在选择品种时要根据茬口的不同选择不同抗性的品种。

三、采用嫁接育苗

近几年，番茄死棵特别严重，导致死棵的原因：一是枯萎病，二是根腐病，三是青枯病。利用抗性嫁接砧木是有效防控番茄死苗最经济有效的方法。在广西等枯萎病发生严重的省份番茄生产基本上实现了全部嫁接栽培。山东番茄死棵现象在老的番茄种植区越来越普遍，嫁接栽培防病效果明显。京研益农（北京）种业科技有限公司的果砧 1 号抗线虫、抗死棵效果明显。

四、选用无病种子或种子消毒

育种单位应该从无病田采种，并用药剂拌种、种衣剂包衣等方法对种子进行消毒处理。对于未进行处理的种子，育苗企业或者农户拿到种子后应进行如下处理。

（一）温汤浸种

在播种前 3 天，先用清水浸泡种子 3～4 小时，捞出后放在 55℃温水中浸泡 20 分钟，浸泡过程要不断搅拌，使种子均匀受热，以防烫伤种子，搅拌至水温冷却至 30℃，再继续浸泡 3～4 小时，捞出，沥干，28℃催芽。采用温汤浸种可有效杀灭种子表面携带的细菌、真菌，预防叶霉病、溃疡病和早疫病等病害的发生。

（二）磷酸三钠浸种

对于病毒病严重的地区，可用清水浸泡种子 3～4 小时后用 10％磷酸三钠溶液浸泡 20～30 分钟，捞出后用清水洗干净，沥干催芽。磷酸三钠浸种可有效钝化种子携带的病毒，对预防种传病毒病有比较明显的效果。

五、培育壮苗

培育壮苗是番茄高产栽培的关键。注意育苗基质不要掺入化肥，否则容易导致不出苗或者出苗后死亡；番茄育苗穴盘多采用

72 穴，使用过的穴盘再次使用时，必须消毒。可以用 2％次氯酸钠或者 0.5％高锰酸钾溶液浸泡 30 分钟，清水漂洗干净后备用。

育苗区应与生产区隔离，防止病虫害进入育苗区。育苗棚周围要彻底清除枯枝残叶和杂草，选用无病育苗基质作为育苗土。将催芽后 70％"露白"的种子均匀撒播在苗床上，温度控制在28～30℃，3 天后可出齐苗，齐苗后温度调整至白天 20～25℃，夜晚 15～18℃，秧苗长至 4 片真叶时进行分苗。

苗期主要预防病毒病，白粉虱、烟粉虱和蚜虫等害虫可传播多种病毒，是防控的重点。

六、设施及土壤消毒

（一）设施消毒

栽培番茄时间较长的设施温室或者大棚，不但土壤中随着病残体积累了大量病原菌，在棚体上也藏着病原孢子、虫卵，因此在拉秧后定植前棚体一定要进行消毒，可以每平方米用硫黄2～2.5克混合适量锯末于傍晚点燃，熏蒸闷棚 24 小时以上，可以灭杀土壤表面、设施棚体表面的病原菌和隐匿的害虫、虫卵，达到消毒棚体的目的。

（二）土壤消毒

对于连续种植番茄的田块，在夏季休闲期可以灌水 7～10天，进行高温"水煮田"处理，通过高温和厌氧环境，灭杀大部分病原菌。如果在设施内加上棚膜的保温作用效果更好。

对于根结线虫、枯萎病等土传病害比较严重的地块，在休闲季节可以用20％异硫氰酸烯丙酯水乳剂3～5升/亩通过滴灌系统随水滴入土壤耕作层，密闭熏蒸3～5天，可以杀灭土壤中的根结线虫和大部分土传病害的病原菌。也可以充分利用夏季高温和倒茬季节，配合施用牛粪、猪粪等有机肥，施用石灰氮60～80千克/亩，深翻土壤25～30厘米，起垄后覆膜，膜下灌水。密封设施大棚，利用太阳能和石灰氮遇水分解产生的热量使棚温达到60℃以上，维持10～15天，同时石灰氮分解产生的氰胺和双氰胺加强这种灭杀效果，可以有效灭杀大部分的根结线虫和土传病原菌等土壤微生物。

七、定植及定植后管理

幼苗在起运、搬移过程中根系、叶片不可避免受到损伤，因此幼苗在定植时一定做到带药定植。地上部叶片喷施75％百菌清可湿性粉剂500倍液，同时用70％甲基硫菌灵可湿性粉剂800倍液加77％硫酸铜钙可湿性粉剂500倍液的混合液蘸根后定植。

早秋茬番茄定植时气温较高，病毒病比较重，定植前可喷施0.5％香菇多糖水剂按166～250毫升/亩用量喷雾预防病毒病；根结线虫病较重的地块定植穴可穴施淡紫拟青霉2～3千克/亩；对于蚜虫、粉虱的预防可随定植在根部施入吡虫啉或噻虫嗪的缓释片，有效期可长达3个月。

合理施用肥水。目前生产上很多病害都是肥水不合理造成的。施肥以有机肥为主，施足底肥，谨慎使用带有火碱的鸡粪，杜绝使用未腐熟的有机肥，以防烧根和蛴螬、种蝇等地下害虫的为害加重。化肥要少量勤追，增施磷钾肥和各种微肥；浇水尽量采用滴灌，根据不同的土质控制适宜的滴灌时间，减少棚内湿气，减少病害的发生。

采用熊蜂授粉或者授粉器授粉。熊蜂是设施蔬菜授粉的理想昆虫，当有 25％的番茄开花后即可投放熊蜂授粉，一般一亩需要熊蜂 1～2 箱；也可利用授粉器给番茄授粉，利用番茄授粉器的震动抖落花粉完成番茄授粉。采用熊蜂授粉或者授粉器授粉可有效解决化学激素对果实的污染，降低畸形果比率，保证番茄的质量安全，同时减少番茄植株激素中毒的概率。

八、农业防治

实行严格轮作制度。不管是露地还是设施番茄生产，采用轮作制度都能有效降低病害的发生。前茬作物宜栽培施有机肥多而耗肥较少的十字花科、豆科绿肥植物，以及能减轻番茄病害的大葱、大蒜和圆葱等作物。但实际生产中由于市场的固化，轮作不能有效执行，可采用伴生的方式将大葱、大蒜与番茄伴生或间作栽培，同样起到轮作的效果。

九、物理防治

（一）采用防虫网

对于粉虱类小害虫应采用 60 目的防虫网才有效。

（二）张挂色板、色膜

充分利用蚜虫、粉虱、斑潜蝇对黄色的趋性和蓟马对蓝色的趋性，在番茄苗期和定植田张挂黄板、蓝板进行诱杀，一般30～35块/亩，同时地膜采用银灰膜能有效抑制害虫的扩散、蔓延。

（三）灯光诱杀和性诱剂诱杀

利用害虫对灯光的趋性，在种植区周边悬挂频振式杀虫灯诱杀鳞翅目、鞘翅目害虫，降低田间产卵量和虫口密度，也可以在成虫羽化初期在栽培区周围摆放4～5个水盆，盆内加水和少量洗衣粉，水面上方1～2厘米悬挂性诱芯，可诱杀大量雄蛾。目前商品化的性诱芯可引诱棉铃虫、斜纹夜蛾、甜菜夜蛾、小菜蛾和地老虎等害虫。

十、生物防治

利用天敌控虫。在番茄定植后7天可以田间释放丽蚜小蜂或者捕食螨等寄生性或者捕食性天敌，一般丽蚜小蜂每亩放蜂1万头，如果单株黄瓜粉虱成虫多于5头，可先用烟雾剂全棚熏杀，降低虫口基数，7天后再放丽蚜小蜂；新小绥螨一般苗期每株5～10头，结果期每株20～30头，利用球孢白僵菌等寄生菌，防治烟粉虱等害虫。

在番茄定植后为了预防叶部病害，可施用1 000亿芽孢/克枯草芽孢杆菌600倍液进行喷雾，也可采用哈茨木霉菌叶部专用

型可湿性粉剂 300 倍液或者 100 万孢子/克寡雄腐霉菌可湿性粉
剂 600～800 倍液进行喷雾，一个生长季喷 3～4 次，可有效降低
叶部病害的发生率。

十一、化学防治

番茄的整个生长期可能会发生多种病害，病毒病的防治以控
虫和防止机械传播为主；细菌性病害主要有细菌性髓部坏死、细
菌性叶斑病、细菌性溃疡病和青枯病，主要由伤口引起，提前预
防是关键，移栽和整枝打杈后要紧跟防护性药。治疗细菌性病害
主要用中生菌素等抗生素和氢氧化铜、王铜、喹啉铜等制剂。番
茄真菌性病害主要有灰霉病、白粉病、叶霉病、灰叶斑病、早疫
病和晚疫病等，农药比较多，可在发病初期选用 40％氟硅唑乳
油 6 000 倍液、10％苯醚甲环唑悬浮剂 1 500 倍液、40％嘧霉胺
悬浮剂 800 倍液进行防治，药剂防治应符合《农药合理使用准
则》(GB/T 8321)、《绿色食品　农药使用准则》（NY/T 393—
2013）的要求，严格选用各类农药，各类农药交替使用，优先采
用粉尘法、烟熏法，注意轮换用药，合理混用，严格控制农药安
全间隔期。药剂浓度严格按照农药标签推荐的剂量使用。

黄瓜病虫害绿色防控技术

张卫华　高中强

一、主要防治对象

(一) 主要病害

黄瓜主要病害可分为叶部病害和根颈部病害。

(1) 叶部病害主要有霜霉病、白粉病、灰霉病、蔓枯病、靶斑病、病毒病、炭疽病、黑星病和细菌性角斑病等。

(2) 根颈部病害主要有根腐病、枯萎病、猝倒病和根结线虫病等。

（二）主要虫害

黄瓜主要虫害有蚜虫、白粉虱、烟粉虱、蓟马、斑潜蝇和茶黄螨等。

二、绿色防控原则

按照"预防为主、综合防治的植保方针，以农业防治、物理防治、生物防治为主，化学防治为辅"的原则。采取绿色防控与配套栽培技术相结合，应急防治与早期预防相结合的防控策略。

三、选用抗病品种

根据不同的栽培季节及在黄瓜生产过程中的主要病虫害，选用高抗、多抗性黄瓜品种，如秋冬季栽培可选用耐低温同时兼抗黄瓜花叶病毒病、霜霉病和黑星病的黄瓜品种，在细菌性茎软腐病比较流行的地区要选择抗细菌性病害的品种。

四、种子消毒

育种单位应该从无病田采种，并用药剂拌种、种衣剂包衣等方法对种子进行消毒处理。对于未进行处理的种子，育苗企业或者农户拿到种子后应进行如下处理。

（一）温汤浸种

在播种前 3 天，先用清水浸泡种子 3～4 小时，捞出后放在 55℃温水中浸泡 20 分钟，浸泡过程要不断搅拌，使种子均匀受热，以防烫伤种子，搅拌至水温冷却至 30℃，再继续浸泡 3～4 小时，捞出，沥干，28℃催芽。采用温汤浸种可有效杀灭种子表面携带的细菌、真菌，预防蔓枯病等病害的发生。

（二）磷酸三钠浸种

对于病毒病严重的地区，可用清水浸泡种子 3～4 小时后用 10％磷酸三钠溶液浸泡 20～30 分钟，捞出后用清水洗干净，沥干催芽。磷酸三钠浸种可有效钝化种子携带的病毒，对预防种传病毒病有比较明显的效果。

五、培育壮苗

采用穴盘无菌育苗法育苗，保证培养出符合质量的无病害适龄壮苗，近几年山东黄瓜细菌性茎软腐病（流胶病）比较严重，嫁接过程中所用嫁接器具要严格消毒；定植前喷施 1 次 S-诱抗素等天然诱抗剂，并结合低温炼苗，提高黄瓜苗的免疫力和抗逆性。

六、严格轮作

不管是露地还是设施黄瓜生产，采用轮作制度都能有效降低病害的发生。前茬作物宜栽培施有机肥多而耗肥较少的茄科类蔬菜或豆科绿肥植物，以及能减轻黄瓜病害的大葱、大蒜、圆葱等作物。但实际生产中由于市场的固化，轮作不能有效执行，可采用伴生的方式将大葱、大蒜与黄瓜伴生或间作栽培，同样起到轮作的效果。

七、清洁土壤

（一）菜田处理

许多的病原菌和害虫可以在田间残株、落叶、杂草或土壤中越冬、越夏，度过不良环境。因此每次拉秧后都要彻底清园，将病残体带出田块；对于根部染病的病株，例如根腐病、茎基腐病和根结线虫病也要将根部彻底清理出田块，降低病原菌基数和虫口密度。此外要铲除田间及四周杂草，减少病虫中间寄主。

（二）土壤消毒

应用壳聚糖、壳寡糖和甲壳素等微生物制剂及微生物复配技术进行土壤修复与改良。对于连续种植黄瓜的田块，在夏季休闲期可以灌水 7～10 天，进行高温"水煮田"处理，通过高温和厌氧环境，灭杀大部分病原菌。如果在设施内加上棚膜的保温作用效果更好。

对于根结线虫、根腐病等土传病害比较严重的地块，在休闲季节可以用氯化苦进行土壤熏蒸，杀灭土壤中的根结线虫和大部分土传病害的病原菌。也可以充分利用夏季高温和倒茬季节，配合

施用牛粪、猪粪等有机肥，施用石灰氮 60～80 千克/亩，深翻土壤
25～30 厘米，起垄后覆膜，膜下灌水。密封设施大棚，利用太阳能
和石灰氮遇水分解产生的热量使棚温达到 60℃以上，维持 10～15
天，同时石灰氮分解产生的氰胺和双氰胺加强这种灭杀效果，可以
有效灭杀大部分的根结线虫和土传病原菌等土壤微生物。

八、定植及定植后田间管理

（一）带药定植

幼苗在起运、搬移过程中，根系、叶片不可避免受到损伤，
因此幼苗在定植时一定做到带药定植。地上部叶片喷施甲霜灵和
代森锰锌的兑水混合液蘸根后定植。根结线虫病较重的地块定植
穴可用阿维菌素、噻唑膦灌根。

（二）环境调控

1. 控温控湿　膜下滴灌浇水，根据不同的土质控制适宜的
滴灌时间，通过覆盖地膜或行间覆草，控制设施内空气湿度；通
过放风和棉被的揭盖早晚调节温室内的温度，满足黄瓜不同生育
时期的适宜温度要求，避免温度过高或过低。

2. 科学施肥　目前生产上很多病害都是肥水不合理造成的。
施肥以有机肥为主，施足底肥，谨慎使用带有火碱的鸡粪，杜绝
使用未腐熟的有机肥，以防烧根和蛴螬、种蝇等地下害虫的为害
加重。化肥要少量勤追，增施磷钾肥和各种微肥。

九、物理防治

（一）采用防虫网

对于粉虱类小害虫应采用 60 目的防虫网才有效果。

（二）张挂色板、色膜

充分利用蚜虫、粉虱、斑潜蝇对黄色的趋性和蓟马对蓝色的趋性，在黄瓜苗期和定植田张挂黄板、蓝板进行诱杀，一般30～35块/亩，同时地膜采用银灰膜能有效抑制害虫的扩散、蔓延。

（三）灯光诱杀和性诱剂诱杀

利用害虫对灯光的趋性，在种植区周边悬挂频振式杀虫灯诱杀鳞翅目、鞘翅目害虫，降低田间产卵量和虫口密度，也可以在成虫羽化初期在栽培区周围摆放 4～5 个水盆，盆内加水和少量洗衣粉，水面上方 1～2 厘米悬挂性诱芯，可诱杀大量雄蛾。目前商品化的性诱芯可引诱棉铃虫、斜纹夜蛾、甜菜夜蛾、小菜蛾和地老虎等害虫。

十、生物防治

（一）利用天敌控虫

在黄瓜定植后 7 天可以田间释放丽蚜小蜂或者捕食螨等寄生

性或者捕食性天敌，一般丽蚜小蜂每亩放蜂 1 万头，如果单株黄瓜粉虱成虫多于 5 头，可先用烟雾剂全棚熏杀，降低虫口基数，7 天后再放丽蚜小蜂；新小绥螨一般苗期每株 5～10 头，结果期每株 20～30 头，利用球孢白僵菌等寄生菌，防治蓟马等害虫。用 200 亿 CFU/克球孢白僵菌粉剂按 1：100 兑水稀释成 2 亿 CFU/克以上的菌液喷雾，菌液随配随用。

(二) 采用生物源杀虫剂

可选择 4％鱼藤酮乳油 80～120 毫升/亩或者 0.3％苦参碱 500～700 毫升/亩 70 倍液或者 2.5％多杀霉素悬浮剂 1 000～1 500倍液喷雾，防治蚜虫、粉虱、蓟马和斑潜蝇等害虫。

十一、化学防治

黄瓜生长期比较长，整个生长期可能会发生多种病害，病毒病的防治以种子处理、控虫和防止机械传播为主；细菌性病害主要有细菌性茎软腐病和细菌性角斑病，主要由伤口进入，提前预防是关键，移栽和整枝打杈后要紧跟防护性药。治疗细菌性病害的药剂主要是中生菌素等抗生素和氢氧化铜、王铜、喹啉铜等制剂。黄瓜真菌性病害主要有灰霉病、白粉病、靶斑病、霜霉病和蔓枯病等，使用药剂防治应符合《农药安全使用标准》(GB 4285)、《农药合理使用准则》(GB/T 8321)(所有部分)、《绿色食品 农药使用准则》(NY/T 393—2000)的要求，严格选用各类农药，各类农药交替使用，优先采用粉尘法、烟熏法，注意轮换用药，合理混用，严格控制农药安全间隔期。药剂浓度严格按照农药标签推荐的剂量使用。

生姜病虫害绿色防控技术

吕华 杨久涛 高文彦

生姜生产基地应选择在没有污染的区域，基地环境条件如土壤、水质和大气质量等应符合国家农产品产地环境标准。要求以地势平坦、土层深厚、排灌方便、雨后不积水、土壤结构疏松、理化性状良好、土壤肥力较高的沙壤土和轻壤土为宜。姜田要在春季及早进行精细整地，达到上松下实。

一、化学除草

（1）40％甲戊·乙草胺（姜蒜草克）乳油每亩 150～200 毫升。

（2）33％二甲戊灵（施田补）乳油每亩 130～150 毫升。

（3）24％乙氧氟草醚乳油每亩 40～50 毫升。

具体使用方法：按每亩的用药量兑水 75～100 千克，于生姜播种后，将药液均匀地喷在姜沟及周围地面上。喷药时注意要倒退操作，防止脚踏地面破坏土表药膜，影响除草效果。覆膜的地块，喷施除草剂后应立即盖膜，以保持地面湿润，提高除草效果。

二、病害防治

（一）土传病害

姜瘟病、腐霉菌根腐病（烂脖子）、生姜线虫病（癞皮病）是生姜生产上威胁最大的主要土传病害，在防治上实行综合防治措施，应以农业防治措施为主，辅之以药剂防治，切断传播途径，控制病害的发生和蔓延。

1. 实行轮作换茬 要与禾本科作物或葱、蒜轮作，不能与番茄、茄子、辣椒和马铃薯等茄科作物轮作，轮作时间 3～4 年。

2. 土壤消毒

①注射氯化苦消毒。消毒前彻底移除前一季作物残渣，深耕（30～40 厘米）并施用适量有机肥。土壤要平整，并保持土壤相对湿度为 60％～70％，用大型施药器械机械化操作将氯化苦注入土壤后，立即用薄膜覆盖，要使用 0.04 毫米以上的薄膜，每亩用药量一般在 25～30 千克。20 天后揭膜散气，通气晾晒 15～20 天进行播种。

②撒施棉隆处理。当平均气温稳定在 10℃以上，深翻整平土地，并保持土壤相对湿度达 70％时，采用 98％棉隆微粒剂土壤消毒处理，每亩 25～30 千克均匀撒施于土壤表层，用悬耕犁耕翻，立即覆盖薄膜，密闭及晾晒时间以土壤温度而定，当土壤温度达 10℃以上时，可密闭 20～25 天，揭膜翻地通气晾晒 15 天以上。

使用以上药剂时要注意安全操作，使施药地块周边作物免受影响，操作人员要做好安全防护措施，确保人身安全。

3. 精选姜种、药剂处理，确保姜种无病　依据当地实际，选用高产、优质、抗病虫、抗逆性强和商品性好的品种。可在生姜收获前，从无病姜田严格选种，单收单藏，姜窖及时消毒。姜种选择姜块肥大、丰满、皮色光亮、肉质新鲜、不干缩、不腐烂、未受冻、质地硬和无病虫害的健康姜块做种用，严格淘汰瘦弱发软、肉质变褐，特别是掰开后断面褐变的姜块。选好姜种在播种前晒 1～2 天，然后进行药剂浸种，可用 8 亿个/克蜡质芽孢杆菌可湿性粉剂，100 千克姜种用药 240～320 克，浸姜种 30 分钟，晾干后上炕催芽。

4. 注意施净肥、浇净水

5. 及时排水防涝

6. 发病初期药剂防治

（1）10 亿 CFU/克多黏类芽孢杆菌可湿性粉剂 500～1 000 克/亩灌根。

（2）20％噻森铜悬浮剂 500～600 倍液灌根。

（3）46％氢氧化铜水分散粒剂 500～600 倍液喷淋或灌根。

7. 及时去除病株　用药液对土壤进行处理并用石灰打点标

记，待生姜收获后，将此处土壤深埋处理。

（二）叶部病害

生姜叶斑病、炭疽病是生姜生长期主要叶部病害，在发病初期用 60％唑醚·代森联水分散粒剂 60～100 克/亩或 325 克/升苯甲·嘧菌酯悬浮剂 40～60 毫升/亩，兑水喷雾，隔 7～10 天喷一次，连续喷 2～3 次。以上药剂可交替使用，喷药时可在药液中适当添加叶面肥，使叶片变绿、变厚，增强光合作用，提高植株抗病能力。

三、虫害防治

生姜生长期虫害主要有姜螟（玉米螟）、甜菜夜蛾、地老虎和蓟马等，在防治上要优先采用灯光诱杀、性诱剂、糖·醋·酒诱蛾液、田间释放赤眼蜂等绿色防控措施，化学防治可选用14％氯虫·高氯氟微囊悬浮剂 15～20 毫升/亩兑水喷雾。

四、储藏期管理

（一）适时收获

生姜不耐低温，露地收获最佳期在初霜后 10～15 天（山东地区一般在霜降前后），此时收获既不会冻伤姜块又可充分利用生姜中后期增产的黄金时期。拱棚保护地可抓住后期姜块迅速膨大增产的关键时期，扣棚延迟收获 20～30 天。

（二）井窖储藏

1. 清理姜窖，做好药物处理　入窖前几天，要将原姜窖内的旧姜、碎屑和铺垫物等所有东西全部清理出来，打扫干净。铺上5厘米厚的细沙，用气雾杀虫剂将姜窖内、洞口处均匀喷雾1遍，洞口用防虫网罩住。

2. 药剂处理入窖新姜

（1）1%吡丙醚可湿性粉剂（姜窖宝）1千克处理储藏生姜1 000～1 500千克，将药剂与细河沙按照1∶10比例混匀后均匀撒施于生姜表面，生姜储藏期撒施1次，安全间隔期为180天。

（2）70%灭蝇胺可湿性粉剂，每1 000千克生姜用药14～21克，使用方法均为药土法，随放姜随撒施，最后均匀撒在上面一层，姜堆顶面再盖上5～10厘米的湿沙，不但为防虫害提供了自然屏障，还有保湿作用。储藏期撒施1次。安全间隔期为90天以上。

3. 大型生姜保鲜储藏窖技术　其姜窖集中，走道大，便于机械作业，适宜沙存，避免虫害，生姜保鲜好，可较好地解决烂窖、闷井、排水、排湿及温度调节问题，并可随时入窖察看，管理方便，储存质量好，适宜在集中产区和大型购销企业推广应用。

设施草莓病虫害绿色防控技术

吕华　夏雨　高文彦

草莓具有丰富的营养价值，是色香味俱全的营养型水果，也是短平快的高效农业产业项目，适合采摘、休闲和观光农业发展。本文介绍了设施草莓病虫害防治技术要点。

一、土壤消毒

（一）实施太阳能综合土壤消毒

于 7 月中旬至 8 月上旬，每亩加入粉碎的植物秸秆等有机物 800～1 000 千克，均匀撒入氰氨化钙 100 千克，旋耕后，做成宽

0.6 米, 高 0.2 厘米的小垄, 然后灌水至土壤持水量 80%～90%, 覆盖薄膜, 四周压实, 密封 30 天以上, 揭膜晾晒。

(二) 氯化苦土壤消毒

深翻土壤后, 并保持土壤相对湿度 60%～70%, 每亩用氯化苦 25～30 千克。用专用操作设备将氯化苦注入土壤后, 立即用薄膜覆盖, 要使用 0.04 毫米以上的薄膜, 20 天后揭膜散气, 通气晾晒 15～20 天。

(三) 撒施棉隆处理

深翻整平土地, 并保持土壤相对湿度达 70%时, 采用 98%棉隆微粒剂土壤消毒处理, 每亩 25～30 千克均匀撒施于土壤表层, 用悬耕犁耕翻, 立即覆盖薄膜, 密闭及晾晒时间以土壤温度而定, 当土壤温度达 10℃以上时, 可密闭 20～25 天, 揭膜翻地通气晾晒 15 天以上。

使用以上药剂时要注意安全操作, 使施药地块周边作物免受影响, 操作人员要做好安全防护措施, 确保人身安全。

二、农业措施

(一) 选用抗病虫品种

针对当地主要病虫控制对象及地片连茬种植情况, 选用有针对性的高抗、多抗品种。

（二）使用脱毒种苗

使用脱毒种苗是防治草莓病毒病的基础，能有效地防治线虫。

（三）清洁环境

及时摘除病叶、病果，拔除病株，带出地外深埋或销毁，进行无害化处理，降低病虫基数。

三、物理防治

（一）黄板诱杀

在温室内悬挂黄色粘虫板诱杀粉虱、蚜虫和斑潜蝇等害虫，每亩放 30～40 块 0.3 米×0.2 米的黄板，悬挂高度与植株顶部持平或高出 0.05～0.1 米。

（二）阻隔防蚜

在温室放风口处设防止蚜虫进入的防虫网。

（三）驱避蚜虫

在温室放风口处挂银灰色地膜条驱避蚜虫。

四、药剂防治

(一) 虫害防治

选用 0.5％依维菌素乳油 500～1 000 倍液或 43％联苯肼酯悬浮剂 20～30 毫升/亩防治红蜘蛛；选用 1.5％苦参碱可溶液剂 40～46 克毫升/亩或 10％吡虫啉可湿性粉剂 20～25 克/亩防治蚜虫；选用 5％甲氨基阿维菌素苯甲酸盐水分散粒剂 3～4 克/亩防治斜纹夜蛾。

(二) 病害防治

选用 50％醚菌酯可湿性粉剂 16～20 克/亩或 20％吡唑醚菌酯水分散粒剂 38～50 克/亩防治白粉病；选用 1 000 亿芽孢/克枯草芽孢杆菌可湿性粉剂 40～60 克/亩或 16％多抗霉素可溶粒剂 20～25 克/亩防治灰霉病；选用 2 亿孢子/克木霉菌可湿性粉剂 330～500 倍液防治枯萎病。

冬枣病虫害绿色防控技术

高文胜

一、萌芽期（4 月）

进行春季清园，于上旬末至中旬初，彻底清理田园及周围环境中的残枝落叶，尤其对枣园相邻的沟、渠、路及路边的杂草进行彻底清除，消灭适宜害虫滋生的条件，对田园环境喷杀菌剂消灭盲蝽、红蜘蛛等害虫及越冬病害，并于芽前喷洒 1 次 3～5 波美度石硫合剂。萌芽期以保护幼芽不受害为主，对树体喷洒甲氨基阿维菌素苯甲酸盐等，防治盲蝽、枣步曲、红蜘蛛、枣黏虫、枣蚜、象甲和枣瘿蚊等。

二、展叶和花期（5月）

针对有些病原菌花期侵染的特点，避开坐果盛期，用农用链霉素喷雾防治斑点病、细菌性疮痂病等病害。大力做好绿盲蝽的防治工作，在5、6月份，及时对树下杂草、根蘗进行铲除，切断落地绿盲蝽的食物来源；在树干上涂抹一闭合的粘虫胶环，阻止成虫上树；使用物理灭蛾器，电杀成虫；采用吡虫啉和高效氯氰菊酯等药剂进行喷雾防治。

三、果核形成期（6～7月）

加强对食果类盲蝽和斑点病的防治，用0.3%甲氨基阿维菌素苯甲酸盐加1.8%阿维菌素乳油或9.5%哒螨灵乳油防治盲蝽类、红蜘蛛等虫害；用氟硅唑防治斑点病；对于桃小食心虫、棉铃虫，可用茚虫威等进行防治；加强对枣锈病的检测预防，可结合防治斑点病，自7月10日开始，使用氟硅唑等农药预防枣锈病，隔7～10天用药1次，特别是雨后3天内一定要喷药保护，可有效防治枣锈病的发生。

四、白熟期（8月）

用1.8%阿维菌素乳油或9.5%哒螨灵乳油防治红蜘蛛等虫害；对于桃小食心虫、棉铃虫，可用茚虫威等药剂进行防治；用氟硅唑或噁唑菌酮等农药预防枣锈病，隔7～10天用药1次，特别是雨后 3 天内一定要喷药保护；用农用链霉素或氟硅唑等喷雾防治缩果病及其烂果性病害；捡拾脱落虫果，杀灭桃小食心虫；主枝和树干基部绑草把，诱集枣黏虫和红蜘蛛等越冬虫源；清扫枣锈落叶、炭疽病落叶和落地僵果。

五、果实成熟期（9～10 月）

喷施氟硅唑或噁唑菌酮等药剂防治轮纹病、炭疽病等烂果型病害，杀灭病菌，延长保护期。10 上旬喷施氟硅唑或噁唑菌酮等药剂，提高果实品质和耐贮性，防止烂果病发生。捡拾病虫果，集中销毁，减少病虫源。采果后树体喷洒 1 次杀菌剂，浇好越冬水。

六、落叶期（11 月）

落叶后，解草把，清扫落叶杂草，刮、刷枝干翘皮，剪除病枝虫枝、摘虫茧、摘除并捡拾地面上的干僵虫果、病果，集中烧毁或深埋处理。冬前，深翻 20～30 厘米把越冬害虫翻出冻死，下旬全树喷 1 次 3～5 波美度石硫合剂。

七、休眠期（12 月至翌年 3 月）

休眠期做好越冬病虫害的防治，压低虫源基数，清扫枣园粗枝落叶，剪除病虫死枝，刮除树干上的老翘皮，对发病部位可用 3～5 波美度石硫合剂进行涂抹。3 月下旬喷 3～5 波美度石硫合剂或者5%柴油乳剂，防治蚜虫、介壳虫、枣锈病和炭疽病等。树干基部培土堆、缠塑膜带、绑扎药环阻止枣步曲等害虫上树，可用菊酯类农药防治枣步曲、枣蚜和象甲等。利用黑光灯诱杀黏虫。

图书在版编目（CIP）数据

农药科普专家谈／山东省农药检定所组编 . —北京：中国农业出版社，2020.4
ISBN 978-7-109-26681-0

Ⅰ.①农… Ⅱ.①山… Ⅲ.①农药－普及读物 Ⅳ.①TQ45-49

中国版本图书馆 CIP 数据核字（2020）第 044140 号

中国农业出版社出版
地址：北京市朝阳区麦子店街 18 号楼
邮编：100125
责任编辑：阎莎莎 文字编辑：王庆敏
版式设计：王 晨 责任校对：刘飔雨
印刷：中农印务有限公司
版次：2020 年 4 月第 1 版
印次：2020 年 4 月北京第 1 次印刷
发行：新华书店北京发行所
开本：880mm×1230mm 1/32
印张：7.75
字数：165 千字
定价：29.00 元
